UNIVERSE

如果，宇宙

穿越千載浩瀚時空
探索絕美天外奇蹟

侯東政——著

目錄

目錄

月球探祕

目錄

破譯地球

前言

前言

從遠古時代的神話故事，到現代的《時間簡史》(*A Brief History of Time: from the Big Bang to Black Holes*)；從壯觀的古觀象臺，到今天的 Space X 火箭……人類對宇宙的解讀和探祕已經跨越了千百年，而宇宙神祕莫測的面貌也越來越清晰地展現在人類面前。千百年來，人類的知識觸角不斷伸長，從伴隨我們晝夜運行的太陽、月亮到布滿夜空的繁星，從對於我們來說浩瀚無比的太陽系，到巨大的銀河系、乃至銀河系之外，甚至試圖觸及宇宙的邊緣。

宇宙自大霹靂伊始，便拉開了不息演變的序幕，從隨處可見的行星到炙熱的恆星、從瑰麗的星雲到多姿的星系、還有超越光速的類星體，和讓人望而生畏的黑洞等等，一起構成了浩瀚而充滿生機的宇宙。然而，宇宙最終將有一個怎樣的歸宿呢？

人類已經不再滿足於地球人之間的交流，而對地球的文明也開始充滿了渴望，甚至已經接收到了來自外星的神祕訊號。人類甚至不滿足於現有的宇宙，甚至猜想宇宙之外是否還有另外一個宇宙？

本書從宇宙、太陽系、月球、地球、星空等幾個層面，將遙遠的宇宙化身成近距離的文字，透過完整統一的知識結構，讓讀者盡覽宇宙神奇，解開各種宇宙奧祕。

而為幫助讀者豐富知識，在每一小節的後面，我們還都添加了一些小知識點，既豐富了版面，又豐滿了內容。讓讀者在暢快淋漓地進食知識「大餐」時，也能品味一下「小甜點」，讓你耳目一新，欲罷不能！

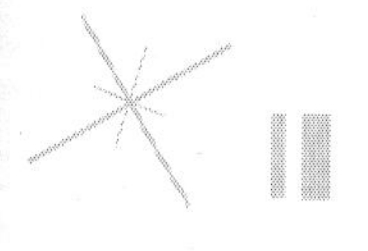

認識宇宙

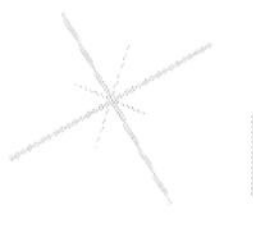

宇宙是如何誕生的

人們總是對浩瀚無邊的宇宙浮想聯翩，宇宙究竟是怎樣誕生的？為了解開放宇宙的奧祕，科學家從未停止探索的腳步。伽莫夫（George Gamow）是一位美籍俄國科學家，他在 20 世紀中葉提出了大霹靂學說（Big Bang）。這種「奇思異想」是怎麼產生的呢？這就要從 1929 年說起了。

那一年，美國天文學家哈伯（Edwin Powell Hubble）偶然發現：銀河外星系的絕大多數星系，都在逐漸遠離銀河系。由此他進一步推斷，宇宙可能正在逐漸膨脹，導致各個星系彼此之間越來越遠。

聽聞這個新發現後，伽莫夫由此逆向推理得出一個結論：如果時間倒流，那麼在某個很早的時間，這些星系的狀態有可能都是「擠成一團」。可是，這些「擠成一團」的物質，怎麼會演變成現在許多「碎片」的呢？最合理的解釋，就是宇宙曾發生過一場「大霹靂」。

伽莫夫的研究

1948 年 4 月，經過大量的研究後，伽莫夫與天體物理學家阿爾菲（Ralph Asher Alpher）、貝特（Hans Bethe）共同在美國《物理評論》（*Physical Review Letters*）雜誌上發表了一篇關於宇宙起源的文章，認為宇宙的空間在 200 億年前極其微小，其中所有的物質都在「奇異點」或「原始火球」內緊緊地擠著，而溫度極高，可達到攝氏 1 兆度。然而突然有一天，「奇異點」發生了巨大的爆炸，一個新的宇宙從此誕生了。宇宙在大霹靂

後的 10^{-43} 秒內，溫度可達攝氏 1 兆度。

在這個時候，宇宙中只有高能量的粒子，還沒有太陽、地球和月亮等天體。但是，宇宙這種狀態的持續沒有超過 1 秒鐘。因為大霹靂之後，宇宙溫度開始急劇下降，下降到大約攝氏 100 億度時，宇宙演化的另一個階段就開始了。而原子、分子也隨著溫度的繼續降低開始相繼出現，此後這些原子、分子又演化成氣體雲。而現在我們知道的行星、恆星等多種天體，都是氣體雲長期演化的產物，太陽系則直到 51 億年前才真正形成。

伽莫夫一發表這篇文章，就在轟動了科學界，該文章成為現代宇宙學中最經典的文獻之一。因此後來最初那次爆炸性的宇宙開端，就被人們稱為「大霹靂」（或譯「大爆炸」）。

伽莫夫理論的影響

伽莫夫不僅提出了大霹靂理論，還預言宇宙大霹靂後，隨之而來的反應，使宇宙存在有一種微波輻射。輻射的波長在這個過程中逐漸由短變長，由強變弱，直到變成微波輻射。專家推測，目前這種輻射的強度相當於 5K（熱力學溫度單位，0K 等於 -273℃，也稱為絕對零度）左右的溫度。

科學家們為了證實伽莫夫的預言，開始在茫茫宇宙中探尋大霹靂的遺跡。為了探測來自宇宙的這種微波輻射，無線電天文學家們還運用了雷達技術，但都沒有取得實質性的進展。

直到 1965 年，「宇宙大霹靂的餘者」終於被發現了，發現者是美國科學家彭齊亞斯（Arno Penzias）和威爾遜（Robert Woodrow Wilson）。

彭齊亞斯和威爾遜一開始只是在改良研究人造衛星的通訊，他們架起了一個喇叭型的高靈敏度定向接收天線系統，從而避免干擾衛星通訊的各種因素（尤其是無線電雜訊）。他們在估測所有雜訊源之後，意外地發現一個相當於 3.5K 的雜訊溫度，而這種雜訊始終無法消除；更令他們困惑的是，雜訊的變化不隨季節交替而變化，毫無方向性和週期性，這就說明它與太陽毫無關係。兩位工程師百思不得其解，並將天線拆裝了好多遍，這種奇怪的雜訊依然無法去除。

兩人對雜訊產生了極大興趣，經過反覆實驗後最終得出結論：這種雜訊處於微波波段，實際有效溫度為 3.5K，而且這種雜訊絕不是來自人造衛星。

恰好在這時，彭齊亞斯也注意到美國普林斯頓大學的一篇論文，該文提到，太空中充滿了宇宙背景輻射（早期宇宙大霹靂後的殘餘輻射），這種輻射大約在 3 公分波長處會產生微波雜訊，其溫度相當於 10K。彭齊亞斯打電話給負責該論文研究課題的迪克教授（Robert H. Dicke），而迪克立即意識到，彭齊亞斯的發現可能正是自己長期以來想要探求的微波。

迪克研究小組在半年之後使用了更先進的儀器，開始在 3.2

公分波長上觀測宇宙微波背景輻射，並很快有了新的進展。目前，宇宙微波背景輻射的實際輻射溫度，已被成功地測算出是2.73K。大多數科學家認為，彭齊亞斯和威爾遜探測到的微波背景輻射，就是當年宇宙大霹靂的「餘燼」。天文學界將這一極具科學價值的意外發現（1960 年代天文學的四大發現之一）命名為「3K 宇宙微波背景輻射」。

小知識 —— 克氏溫度

克氏溫度以英國科學家克耳文（William Thomson，1st Baron Kelvin）的名字命名，指克耳文（K）溫度。屬於熱力學溫度單位，是國際單位制（SI）基本單位之一，相當於水的三相點熱力學溫度的（1/273.16）。這是以物理常量水三相點熱力學溫度 Ttr 為基礎來定義，而根據 1967 年的協議，1K=1/273.16Ttr。

1854 年，英國物理學家克耳文指出，只要選定一個溫度固定水的三相點，即水、冰、水蒸氣三相共存的溫度，就可以完全確定溫度。這是因為已經確定下另一個固定點 ——「絕對零度」。把絕對零度到水的三相點溫度，分為 273.16 份，每一份就是克氏 1 度，這就是克氏溫標，以 K 表示。

攝氏溫度等於克氏溫度 +273，比如 0 ℃ = 273K；0K = -273℃，即絕對零度。

宇宙到底有多大

「宇宙」一詞，最早出自於墨子（約西元前四六八年～三七六年）。其中「宇」是指東、西、南、北，四面八方的空間；「宙」是指古往今來的時間，兩者合一便是天地萬物，不管它是大是小，是遠是近；屬於過去，現在，還是將來的；是認識到的，還是未認識到的……總之是一切的一切。

而今天，宇宙也被當作是天地萬物的總稱，是物質世界，不依賴於人的意義而客觀存在，並處於不斷的運動和發展當中，時間上沒有開始終結，空間上沒有邊界盡頭。宇宙是多樣又統一的，多樣表現在物質表現形態的多樣性；統一表現在其物質性。

東西方對宇宙的不同理解

在西方，宇宙這個詞也有著對應的稱呼，在德語中叫 kosmos；在俄語中叫 кос Мос；在英語中叫 cosmos、universe、space；在法語中叫 cosmos。它們都源自於希臘語的 κοσμοζ。在古希臘人看來，宇宙的誕生就是從渾沌中產生秩序，κοσμοζ 其原意就是秩序。但在英語中更經常用 universe 來表示「宇宙」，此詞與 universitas 有關。中世紀時，人們把朝同一目標、沿著同一方向共同行動的一群人稱為「universitas」。「universitas」在最廣泛的意義上，又指一切現成的東西所構成的統一整體，那就是 universe，即宇宙。和 cosmos 常常表示相同的意義。不同的是，universe 強調的是物質現象的總和，而 cosmos 則強調整體宇宙的構造。

「宇」在中文中代表所有的空間，即上下四方；「宙」則代表所有的時間，即古往今來。所以「宇宙」這個詞有「所有的時間和空間」的意思。將「宇宙」的概念與時空聯繫，也體現了古人的智慧。

宇宙的可知範圍

人們迄今觀測到的距離地球最遠的星系遠達 130 億光年。也就是如果以每秒 30 萬公里的光速從該星系發出，那麼要 130 億年才能到達地球，這段距離也就是今天我們所知的宇宙範圍；說得再確切一點，我們今天所知道的宇宙範圍，不過是一個以地球為球心、以 130 億光年為半徑的球形空間。當然，宇宙的中心並非一定是地球，宇宙也未必是一個球體，這只是限於我們目前的觀測能力。

目前在這個以 130 億光年為半徑的球形空間裡，人們觀測到的大約有 1,250 億個星系，而在每個星系中，像太陽這樣的恆星又有幾百到幾兆顆。因此，只要簡單計算一下，我們就不難了解，在我們已經觀測到的宇宙中存在多少星星。而我們生活的地球如此微不足道，在浩瀚的宇宙中也只是滄海一粟。

一直以來，天文學家也和我們一樣，想知道宇宙的大小。美國太空網曾報導，天文學家經過複雜的計算工作後，發現宇

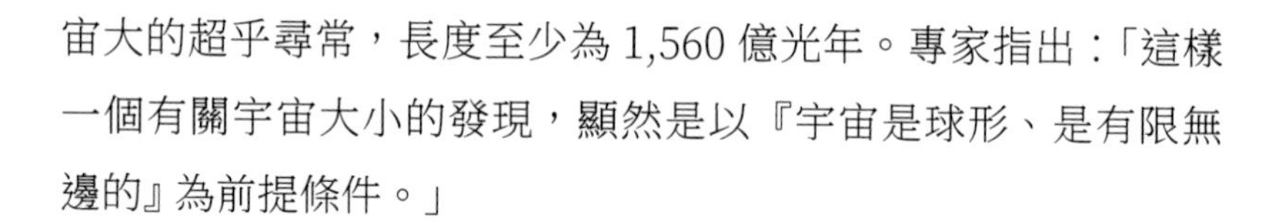
宙大的超乎尋常，長度至少為 1,560 億光年。專家指出：「這樣一個有關宇宙大小的發現，顯然是以『宇宙是球形、是有限無邊的』為前提條件。」

延伸閱讀 —— 宇宙是無限的嗎

宇宙是有限還是無限的問題，實際上是牽涉到宇宙的形狀。

如果宇宙的誕生的確是因為大霹靂，那麼它一定是有著有限的體積。因為雖然光速很快，但它仍然是有限的，從大霹靂開始，光向四周傳播，迄今達到的距離也是有限的。既然光是向四周球形傳播，那麼宇宙很可能就是球形的；又如果宇宙是球形的，那麼它就是有限無邊的。「有限無邊」這種形狀，也是目前許多科學家所猜測的形狀。

我們也可用地球表面來理解「有限無邊」的含義。地球有著有限的表面積，透過地球半徑的長度資料，這很容易就可計算出來。但是地球表面沒有邊緣，古人將海南島的天涯海角稱之為大地的邊緣，不過那只是海陸分界線而已。到了那裡以後，如果改乘船只沿原來的方向繼續前進，我們仍然可以回到出發地。

而宇宙的「有限無邊」也正是這個意思，只不過地球表面是二維平面，而宇宙是三維空間而已。在一個球體的內部，不管從哪一點向哪個方向前進，理論上也可以回到原來的出發點。

宇宙的形狀之謎

宇宙究竟是什麼形狀？這是宇宙學中一個未解決的問題。用數學的語言說就是：「哪一個三維形狀才能最準確代表宇宙的空間結構？」

關於宇宙形狀的諸多爭論

宇宙學研究領域長期以來一直存在著這樣的爭論：究竟宇宙是球形的、馬鞍形的、還是平坦的？目前在國際主流宇宙學看來，宇宙是平坦的無限的。那麼，圍繞宇宙的爭論從何而來？理據何在？

其中一種最為普遍的觀點認為：宇宙誕生於大霹靂之後。根據現代宇宙學中最有影響的大霹靂學說，我們的宇宙誕生於大約 137 億年前一個非常微小點的爆炸，而目前宇宙仍在膨脹，大量的天文觀測也證實了這一假說。

這一觀點認為，在誕生初期，宇宙溫度非常高；而隨著膨脹，宇宙溫度開始降低，隨後也產生了中子、質子、電子。此後，這些基本粒子就形成了各種元素，透過相互吸引、融合，這些微粒物質逐漸形成了越來越大的團塊。這些團塊又逐漸演化成恆星、行星。在個別的天體上還出現了生命現象，能夠認識宇宙的人類最終才得以誕生。

還有的觀點認為，宇宙是球形、有限無邊的。這種觀點由來已久，儘管在國際宇宙學界並不是主流，但因為奇特，每次提出都會引起人們的關注。美國數學家傑佛瑞．威克斯（Jeffrey Weeks）所構建的宇宙模型就是一個最明顯的例子——一個鏡子迷宮，大小有限、形狀如同足球。「形如足球」的模型震驚了科學界，因為這一學說認為，宇宙之所以產生無邊無界的「錯覺」，是因為這個有限空間可以無限重複映現自身。宇宙就如同一個鏡子迷宮，光線會反覆重播，為終讓人類產生宇宙在無限延伸的錯覺。

宇宙到底什麼形狀？

儘管有關宇宙形狀的爭論頗多，但至今仍沒有得出確切的結論。

首先，至今還不清楚到底宇宙是不是「平坦空間」，即歐氏幾何的空間在大範圍內得到遵守。目前，大部分宇宙學家認為已知宇宙基本上是平坦的，除了大質量天體造成的局部時空褶皺，就像水波一樣。威爾金森微波各向異性探測器（WMAP）觀測宇宙微波背景輻射的結果也肯定了這一點。

其次，尚未清楚宇宙是否屬於多重連接。根據大霹靂理論，宇宙並不存在空間的邊界，然而宇宙的空間卻可能是有限的。透過二維概念我們可以類推一下：一個球面沒有邊界，但它的面積是有限的，即 $4\pi R^2$。因此，我們同樣可以推論：宇宙可能是一個在三維空間內有固定曲率的二維表面。

數學家黎曼（Bernhard Riemann）曾發現四維空間中一個三維球形的「表面」與此類似，其總體積為有限（$2\pi^2R^3$），但三個方向都彎向第四個維度；除此之外，他還發現了一個「圓柱形空間」和「橢圓空間」，前者的圓柱形兩頭互相連接，但沒有彎曲圓柱本身——這一現象在普通的三維空間是無法想像的，而類似的數學例子不勝枚舉。

假若宇宙有限但無邊界，那麼沿著宇宙中一條任意方向的「直線」，我們最終還會回到出發點，而宇宙的「直徑」就是其路線長度。但是，這個直徑一定要比我們所見的宇宙部分大得多，是現在人類對宇宙的認識所無法想像的。

透過哈伯望遠鏡拍攝到的高解析度宇宙深空照片（HDF），我們可以看到姿態年齡各異的銀河外星系。人類能看到的最古老星系，在宇宙年齡約 8 億年時就已存在，是照片上最小、顏色最紅的星系，說明宇宙可能是具有多重連接的拓撲學結構。似乎從某些角度來說，星體和星系應被稱作「所觀的影像」才合適。因為這些結構如果夠小，那麼人類就就像身處掛了多面鏡子的房間裡，可以從不同方位看到同一天體的多個影像，那麼天體實際的數量也會比觀測所見的少。這個可能性至今沒有徹底被否定，但最近的宇宙微波背景輻射研究結果，認為不太可能。

總之，有關宇宙的形狀目前還沒有確切的結論，還有待科學家繼續研究。

新知博覽 —— 時空的起源

有些人認為：時間和空間，是從沒有時間和沒有空間的狀態產生的，而不是永恆的。現有的物理理論證明，在小於 10^{-43} 秒和 10^{-33} 公分的範圍內，並不存在一個「鐘」和一把「尺」讓我們測量，也就是時間和空間的概念失效了。正像牛頓時空觀發展到相對論時空觀那樣，這種觀點中涉及到的時空形式，在其適用的界限是完全正確的，但隨著科學實踐不斷發展，也必然要求建立新的時空觀。

由於在大霹靂後 10^{-43} 秒以內，廣義相對論失效，就必須考慮到重力引發的量子效應。因此，為了探討已知的時空形式起源，有些人試圖透過時空量子化的途徑來解決，但我們也絕不能否定物質形式的時空客觀存在。雖然時空觀念有了新發展，在對現有科學技術來說，仍有著無法度量的新時空形式。

小知識 —— 大霹靂的三個階段

美國天文學家伽莫夫曾提出一種觀點，認為宇宙曾有一段從密到稀、從熱到冷不斷膨脹的過程，即大霹靂。

這種觀點將宇宙 200 億年的演化過程分為三個階段：第

一個階段是宇宙的極早期，宇宙處於一種極高溫、高密的狀態下，溫度高達攝氏 100 億度以上。這時地球、月亮、太陽及所有天體都不存在，甚至沒有任何化學元素，宇宙間只存在中子、質子、電子、光子和微中子等粒子。這個階段時間很短，短到甚至可以以秒來計算。

隨著宇宙體系不斷膨脹，溫度也很快下降，而當溫度降到攝氏 10 億度左右時，宇宙便進入第二階段，開始形成一些化學元素。在這一階段中，溫度進一步下降到攝氏 100 萬度，這時，早期形成化學元素的過程即宣告結束，第二階段大約經歷了數千年。

當溫度降到攝氏幾千度時，宇宙便進入第三階段。200 億年來，宇宙一直都處於這一階段，至今我們仍生活在這一階段當中。這期間宇宙中充滿了氣態物質，這些氣體逐漸凝聚成為星雲，再進一步形成各式各樣的恆星系統，便成了我們現在所看到的五彩繽紛星空世界。

尋找宇宙的中心

宇宙有中心嗎？一個讓所有的星系包圍在中間的中心點？

很久以前就有人開始思考這個問題，古代盤古開天的混沌宇宙圖像、西方的疊烏龜馱天地的宇宙圖像等等，都是人類探索宇宙奧祕中多彩的一筆。

《論天》發表

西元前 340 年，希臘哲學家亞里斯多德在《論天》(*De Caelo*) 一書中提出了地球是球形的理論。不過亞里斯多德提出的地球是不動的，地球是宇宙中心的這一理論也被我們批判了千年。後來，托勒密描述了這個八天球的宇宙圖像，提出了一個最早的完整宇宙模型。再後來這一圖像被基督教「竊取」了，他們認為，這樣至少人們可以想像在固定恆星球之外的天堂和地獄，與《聖經》相吻合。

雖然這些都沒能讓人類找到真正的宇宙中心，但大量的觀測工作和測量資料，也逐漸形成了一些新觀點，為後人研究宇宙提供了參考。

托勒密學說

西元 90 ～ 168 年，基於前人提出的觀點和測量資料（尤其對於當時關於行星的觀測結果提出了「地球中心說」)，古希臘學者托勒密（Claudius Ptolemaeus）建立了世界上第一個完整的宇宙地心說體系。

托勒密認為：地球是宇宙的中心、是靜止不動的；恆星均位於固體球殼上，這些固體球殼被稱為「恆星天」；其他的天體如太陽、月亮、五大行星等，都在地球周圍沿著各自的被稱為「本輪」的小圓軌道等速轉動。本輪的中心圍繞地球等速轉運，又在一個大圓軌道上，這些大圓軌道被稱為「均輪」。「恆星天」和太陽、月亮、五大行星等，也都一起繞著地球轉動。

當時在研究天體運動時，托勒密運用了許多科學的方法，建立了新的座標參考系和幾何學模型，並將恆星固定在「恆星天」上，我們稱之為「水晶球」，而現在的天文觀測上仍然保留著這些假想的「天球」概念。儘管如此，托勒密的理論仍是錯誤的。

而利用這個錯誤，中世紀歐洲教會為維持著當時教會的統治找到了依據。教會在那段時間不停宣傳「上帝選定的宇宙中心是地球」，「最高天」是上帝居住的極樂天堂，把「地心說」奉為神聖不可侵犯的真理。但是，人們探尋真理的腳步並沒有因為教會的統治而停下。

哥白尼與他的《天體運行論》

14 世紀中葉開始，一種新的文化潮流開始興起；15 世紀隨著航海事業的發展，天文學也在不斷進步，天文學家已能精確地觀測天體位置，托勒密的理論也隨之沒落，天文學逐漸陷入了窘境。

西元 1473 年 2 月 19 日，偉大的哥白尼（Nicolaus Copernicus）誕生了。由於受到當時文藝復興思潮的影響，青年哥白尼就對宗教神學充滿蔑視。當時哥倫布剛剛發現新大陸，消息傳來，立刻就激發了哥白尼創立新天文學說的熱情和勇氣。

哥白尼仔細地閱讀了各種古希臘和古羅馬的一些哲學著作，這些書中，有些初步提出了「地動」的思維。這個科學見解在當時顯得十分新鮮，卻給了哥白尼許多有益的啟示。

回到波蘭後，哥白尼開始潛心研究；經過數十年的鑽研，新的宇宙結構理論誕生了。哥白尼認為，其實天球並沒有運動，巨大的天球運動是表面現象，而產生這種現象只是因為地球在自轉。他大膽地指出：太陽而並非地球，才是宇宙的中心，地球在繞著太陽公轉。

西元 1543 年，哥白尼的《天體運行論》（*De revolutionibus orbium coelestium*）出版了。在這部著作中，哥白尼認為，行星的運行由兩種運動所影響：行星繞太陽運行的軌道運動，和地球在自己軌道上繞太陽的運動，這部《天體運行論》花費了他將近 49 年的時間才完成。

對宇宙中心的不斷探索

哥白尼以及後來的克卜勒、伽利略等提出的「太陽中心說」，使人類第一次把自己從中心地位移開；再後來，牛頓又提出了萬有引力定律。在這個定律的啟發下，人們一度相信宇宙的無限性，即每一點都是宇宙的中心。但後來這種無限靜態宇宙模型由於種種反駁，還是被打破了。

隨著愛因斯坦廣義相對論的發表，1922年，俄國物理學家亞歷山大・弗利德曼（Alexander Friedman）提出了這樣一個假說：不論我們往哪個方向看，也不論在何地進行觀察，宇宙的形象都是一樣。透過1929年的哈伯觀測，這個假設也被證明了。哈伯觀測到，相對於我們，各個星系都快速退去，也就是說宇宙在膨脹；同時，他還觀測到各個方向都有著等同的宇宙膨脹速度。這讓我們又困惑了，難道我們真的仍是宇宙的中心嗎？

事實上，這種情形很像一個被逐漸吹起的、畫有許多斑點的氣球，任兩點之間的距離在氣球膨脹時都在變長，但沒有一個點可以認為是膨脹的中心，也就是說，宇宙沒有中心！

至此，我們回溯了人類歷史長河中宇宙中心探索的變換，但並不能以為我們已經得到了真正的答案。英國物理學家霍金在他的著作《時間簡史》中所述的一段內容令人深思：「也許有一天，這些答案會像我們認為地球繞著太陽運動那樣顯而易見——當然，也可能像烏龜塔（Turtle Totem）那般荒唐可笑。不管怎樣，唯有讓時間來判斷了。」

新知博覽——宇宙的年齡推算

關於宇宙的年齡，科學家有著不同的估計，而根據不同的宇宙學模型，他們估計宇宙年齡在 100 ～ 160 億之間。利用南歐洲天文臺的望遠鏡，科學家觀察到一顆叫做 CS31082-001 的星球，量度星球上放射性同位素鈾 -238 的光譜，經過計算，確定這顆星球的年齡是 125 億年，這個估計有大約 30 億年的誤差。也就是說，宇宙的年齡至少有 125 億年，這是科學家第一次量度太陽系以外天體的鈾含量。

科學家解釋說，這個方法類似於在考古學上使用碳 -14 同位素量度物質的年齡，鈾 -238 同位素的半衰期是 44.5 億年。科學家指出，最初的大霹靂會產生各種元素，如氫、氦和鋰等，而比較重的元素是在星球內部產生，含有重元素的物質在星球死亡後就會散布到周圍的空間，然後與下一個星球結合；其實，地球上的黃金也是來自爆炸的星球。

因此，星球愈老，重元素也會愈少，科學家認為，在一些比較老的星球裡，重元素的含量只有太陽 1/200。科學家曾經試圖利用釷 -232 同位素來估計宇宙的年齡，作為一種放射性金屬元素，釷與中子接觸時會引起核分裂，產生核能。不過，釷的半衰期是 140.05 億年，半衰期比較鈾 -238 長，因此估計也會產生比較大的誤差。

宇宙的結構

宇宙由很多物質組成，而不是空無一物，在宇宙中，到處都充滿運動著的各種形態物質，比如我們所生活的地球，就是太陽系的一顆大行星。

太陽系現在還有 8 顆大行星：水星、金星、地球、火星、木星、土星、天王星、海王星。除了大行星，太陽系還有 40 顆衛星（包括月球），以及為數眾多的小衛星、彗星和流星體等。這些都是離地球較近的天體，人們也了解得更深入。那麼除了這些天體以外，無限的宇宙空間還有一些什麼呢？

恆星與星雲

晴夜，我們用肉眼能看到的閃閃發光的星星，絕大多數都是恆星，它們像太陽一樣，本身就能發光發熱。在銀河系內，這樣的恆星大約有 1,000 多億顆。

恆星喜歡「群居」，許多都是緊密靠在一起、成雙成對，按照一定的規律互相繞轉，這稱為雙星；還有聚星，他們由一些 3 顆、4 顆或更多顆恆星聚在一起。如果是 10 顆以上，甚至成千上萬顆星聚在一起，那就是星團了，目前銀河系裡這樣的星團有 1,000 多個。

在恆星的世界裡，還有一些變星，顧名思義，變星的亮度會變化。這些變星變化有的很規律，有的則無。現在人類已經發現了 2 萬多顆變星。

有時候天空中還會突然出現一顆非常明亮的星，稱為新星，它們在兩三天內會突然變亮幾萬倍、甚至幾百萬倍；還有一種恆星叫超新星，亮度增加更迅速，會突然變亮幾千萬倍、甚至幾億倍。

除了恆星之外，還有一種雲霧似的天體，被稱為星雲。星雲由極其稀薄的氣體和塵埃組成，比如有名的獵戶座星雲，形狀就非常不規則。

在廣闊星際空間裡，如果既沒有恆星又沒有星雲，那還有些什麼呢？是絕對的真空嗎？當然不是，那裡的星際氣體、星際塵埃、宇宙線和極其微弱的星際磁場等非常稀薄，而隨著科技發展，人類必定還會發現越來越多的新天體。

星系團

星系的空間分布也並非沒有規律，也有成團現象。星系團是由上千個以上的星系構成的大集團。宇宙中，屬於這種大星系團的星系大約只有 10%，大部分星系只結成十幾、幾十或上百個成員的小團。不過能夠肯定的是，作為宇宙結構中比星系更大的系統，星系團這個層次的尺度大小為 Mpc，平均質量是星系的一百倍。

銀河系及銀河外星系

隨著逐步提高的測距能力，人類逐漸對宇宙結構在越來越大的尺度上建立了立體的觀念。而第一個重要的發現就是認識了銀河系。

銀河系是包括太陽系在內的一個龐大恆星集團（包括 1,011 顆恆星），這種恆星集團叫做星系。銀河系中的大部分恆星都呈扁平盤狀分布，盤的直徑為 25kpc（千秒差距，1 秒差距 =3.26 光年 =30.9 兆公里），厚度約為 2kpc。盤中心有一個球狀隆起，叫做核球，盤外部是幾條旋臂構成的，太陽就位於銀河系其中一條旋臂上，距離銀河系的中心約 7kpc。銀盤上下延展區也呈球狀，其中恆星分布較稀疏，叫做銀暈，其總質量約占整體的 10%，直徑約為 30kpc。而就太陽的光度、質量和位置來說，也都不過是銀河系成員中極其普通的一顆恆星而已。

不過，並非天上的一切發光體都屬於銀河系。對於天穹上的某個光點，要想辨別它是銀河系內的恆星還是銀河系外的另一個星系，只能測定它的距離。實際上，雖然天穹上的大多數光點都是銀河系的恆星，但與銀河系類似的巨大恆星集團也有很多，以前曾被誤認為是星雲，現在它們稱為銀河外星系。現在，人類已知的星系有 1,000 億個以上，比如著名的仙女座大星系、大小麥哲倫星雲等，就是肉眼可見的銀河外星系。

星系的普遍存在，說明它是宇宙結構中的某一層次，從宇宙演化來看，這個層次比恆星更基本。質量很小的星系因為太暗而不易被看到，一般小星系的質量可低達 106M ⊙（M ⊙，太陽質量，是天文學上用於表示恆星、星團或星系等大型天體質量的質量單位），星系的典型尺度為幾十千秒差距。

1960 年代以來，天文學家還找到一種在銀河系以外的天體——類星體，它像恆星一樣表現為一個光點，但實際上它的光度和質量又和星系一樣，現在已發現了數千個這種天體。

大尺度結構

就我們關心的可觀測宇宙而言，所謂「大尺度」，就是大量星系紅移所揭示的宇宙可見物質總體分布中，大於 100Ms 的差距。在這些尺度上宇宙最具特色的性質，是可見物質分布在薄膜和纖維（巨大空穴周圍）中，看上去就像大量彼此交錯的泡沫——宇宙在最大尺度上顯現為多泡沫結構。雖然薄膜和纖維只占大約 2% 的可見宇宙體積，但它們實質上包含了全部可見物質。這些結構中最大的一個叫做長城（Great Wall，又稱巨壁、巨牆），離我們不到 100Mpc（Mpc，百萬秒差距），它是一個膜，由星系團和超星系團組成，所占區域有 225Mpc 長、80Mpc 寬，但厚度只有 10Mpc。

宇宙的總密度，十分接近平坦時空所要求的臨界值，因為宇宙的這種多泡沫外觀與其他因素一樣。電腦模擬表明，如果宇宙中有大量暗物質，並且暗物質只能在總密度達到峰值水準的地域明亮星系才能形成，那麼明亮星系的分布應非常類似於實際宇宙中的分布。

從演化理論上來說，尺度大到一定程度，就不應再存在結構。這是否符合實際，以及這尺度多大都十分重要，並須透過大尺度觀測來回答。而現今人們熱烈爭論中的焦點，是宇宙在 50Mpc 以上，是否還存在顯著的結構現象。

總之，如果把星系看成宇宙物質的基本單位，那麼星系的分布狀態就是宇宙結構的表現。現在看來，我們對宇宙結構面貌的基本認識，就是直至 50Mpc 的尺度為止，星系的分布呈現有層次的結構。

延伸閱讀 —— 宇宙結構的疑團

宇宙是由什麼組成的？你可能馬上會說就是由那些星星所組成，但在最近幾十年中，科學家逐漸發現這個答案存在缺陷。天文學家認為，宇宙總質量中只有不到 5% 的物質，是組成恆星、行星、星系，以及還有我們不知道的物質，即我們所說的物質；另外 25%，可能就是暗物質，由尚未發現的粒子組成；而剩下的 70%，天文學家認為可能是暗能量，即讓宇宙加速膨脹的力量。科學家正在用加速器和望遠鏡尋找暗物質和暗能量的本質，這些問題一旦被解答，其意義肯定也是「宇宙級」的。

不斷膨脹的宇宙

中國古代有「盤古開天」的神話故事，而西方國家也有上帝創造世界的傳說，這些都是人們關於宇宙誕生的想像。雖然沒有任何依據，但也表達了人們對神祕宇宙的極大興趣。

科學家時常把觀測所及的宇宙稱為「我們的宇宙」，而經過多年的觀測，科學家們發現了一個驚人的事實：我們的宇宙正在不斷地膨脹。

哈伯定律

早在 1912 ～ 1917 年期間，美國天文學家斯里福（Vesto Melvin Slipher）就用口徑 60 公分的望遠鏡在洛厄爾天文臺觀測天體。意外的是，他發現除了仙女座大星系和另一個星系正向我們奔來之外，他所研究的 15 個星系中，有 13 個星系都在離我們遠去，因為在這 13 個星系的光譜中都出現了紅移，而這些星系退行的速度可達 600km/s。

幾年後，透過 2.5 公尺口徑的望遠鏡觀測天體，哈伯也證明了許多星雲屬於銀河系以外的天體系統。在這之後的 1929 年，哈伯又發現了「哈伯定律」（Hubble's law），該定律一提出即震驚了世界，並迅速為世人所熟知。

「哈伯定律」是驗證宇宙膨脹工作的開始階段，其涉及到的星系數目、視向速度和距離都很有限，因此核實「哈伯定律」還需要進一步的觀測工作。於是哈伯與他的同事們密切合作，開始深入的研究觀測。哈伯與他的同事在 1931 年聯名發表了一篇文章，這篇文章補充了觀測資料，並進一步證明了「哈伯定律」。

然而，人們對於「哈伯定律」的含義及星系退行問題一直存在困惑。退行速度隨星系變遠而加快，這一奇怪現象也讓科學家們難以理解。不過，透過回顧歷史和認真分析愛因斯坦的相對論，宇宙學家終於找到了答案。

加速宇宙膨脹的「神祕物質」

人們注意到，早在 1917 年，荷蘭天文學家德西特（Willem de Sitter）就證明了推論，該推論是由愛因斯坦在 1915 年發表的廣義相對論得出的，即宇宙的某種基本結構可能正在膨脹，並且有著恆定的膨脹速率。

科學家認為，宇宙起源於一次 137 億年前之間難以置信的大霹靂。這是一次不可想像的能量大霹靂，宇宙邊緣的光要花 120 ～ 150 億年的時間才能到達地球，而大霹靂散發的物質在太空中散逸（巨大星系即是由這些物質構成）。人們原本認為，宇宙會因引力（重力）而不再膨脹，但科學家已經發現了宇宙中有一種會產生斥力的「暗能量」，會加速宇宙膨脹。

大霹靂後的膨脹過程，源於一種引力與斥力之爭，爆炸後產生的動力使宇宙中的天體不斷遠離，是一種斥力；而天體間又存在著阻止天體遠離、甚至力圖使其互相靠近的萬有引力，引力的大小與天體的質量有關。因此，宇宙中物質密度的大小決定了大霹靂後的宇宙最終是不斷膨脹，還是會停止膨脹，並反過來收縮變小。如果宇宙中物質的平均密度比臨界密度小，宇宙就會持續膨脹下去，稱為開放宇宙（open universe）；而如果物質的平均密度比臨界密度大，膨脹過程遲早會停下來，並隨之出現收縮，稱為封閉宇宙（close duniverse）。

問題似乎變得簡單了，但實則不然。理論臨界密度，經科學家計算後為 $5\times10^{-30}g/cm^3$，但實際上並不是那麼容易就能測定宇宙中物質平均密度。星系間存在廣袤的空間，如果把目前所觀測到的全部發光物質的質量，在整個宇宙空間平攤開來，那麼平均密度就只有 $2\times10^{-31}g/cm^3$，這就遠遠低於上述臨界密度。

然而又有種種證據表明，宇宙中的「暗物質」可能遠遠超過可見物質的數量，這給測定平均密度又帶來了許多不確定性。因此，在宇宙的平均密度是否真的小於臨界密度的問題上，仍然存在爭議。不過就目前來看，開放宇宙的可能性更大一點。

對封閉宇宙的想像

封閉宇宙的結局又如何呢？在封閉宇宙中，宇宙平均密度的大小決定了膨脹過程的結束時間早晚。如果平均密度是臨界密度的兩倍，根據一種簡單的理論模型，那麼經過 400 ～ 500 億年後，即當宇宙半徑擴大到目前的兩倍左右時，引力開始占優勢，膨脹則會停止，而宇宙接下來便開始收縮。宇宙收縮幾百億年後，其平均密度又大致回到目前的狀態，不過原來星系遠離地球的退行運動，將轉為接近地球。再過幾十億年，宇宙背景輻射會上升到 400K 甚至更高，宇宙變得熾熱而稠密，收縮的速度也越來越快。

星系在收縮過程中也會彼此併合，恆星間頻繁碰撞。一旦宇宙溫度上升到 4,000K，電子就會從原子中游離出來；達到幾百萬度時，所有中子和質子從原子核中掙脫。很快，宇宙就進入了下個階段——「大暴縮」，一切物質和輻射被極其迅速地吞進一個區域（密度無限高、空間無限小），回復到大霹靂發生時的狀態。

當然，一些地方都缺乏必要的科學證據，目前還都是想像。至於宇宙究竟是膨脹還是收縮，還有待於科學家們的繼續研究探索。

延伸閱讀——「島宇宙」之爭

1917 年，美國威爾遜山天文臺的里奇（George Ritchey）等人，在漩渦星雲 NGC6949 的一張照片上發現了一顆新星。他們在隨後的兩個月中查對了該相片底片，找到了 11 顆新星，同時柯蒂斯（Heber Doust Curtis）也參與了新星的搜尋工作，他們在 NGC4527 和 NGC4321 等星雲中發現了不少新星。柯蒂斯認為，新星的出現正是這些漩渦狀星雲實際上是恆星系統而不是氣體雲的證明；另外，這些新星極其暗弱，所以他認為星雲應該是銀河系以外的天體，極其遙遠。

1920 年 4 月 26 日，在美國科學院，由當時的威爾遜山天文臺臺長海爾（George Ellery Hale）召開了「宇宙的尺度」辯論會。會上，沙普利（Harlow Shapley）和柯蒂斯代表對立的雙方展開了激烈的辯論，但雙方都未能以充足的理由說服對方，最後不了了之。

從辯論中，美國天文學家哈伯感到大家並不十分了解這些爆發的性質，還不如以造父變星測距這把量天尺更為可靠。他在 1923 ～ 1924 年用照相的方法，在仙女座大星系中找到了不少造父變星，並且測量了它們的光變週期和視星等，定出了仙女座大星系的距離，證明它是在銀河系之外。哈伯的測量結果為大多數天文學家所接受，銀河外星系確實是存在的。後來，這個結論在更多的研究中不斷充實，人們對宇宙的認識也從此登上了一個新臺階。

宇宙反物質之謎

我們知道，世界是由物質組成的，但是如今科學家卻提出了一個「反物質」的概念，對傳統觀點提出了挑戰。

那麼究竟什麼是反物質？宇宙中真的存在反物質嗎？

什麼是反物質

物質是由原子構成的，而原子核位於原子中心；原子核由質子和中子組成，帶負電荷的電子圍繞原子核旋轉；又原子核裡的質子帶正電荷，電子與質子所攜帶電量相等，一正一負。質子的質量是電子質量的 1,840 倍，在質量上形成了強烈的不對稱性。這引起了科學家的關注，因此在 20 世紀初一些科學家就認為二者相差懸殊，因而應存在另外一種粒子電量相當、符號相反，如存在一個與質子質量相等但攜帶負電荷的粒子；和另一個與電子質量相等，但攜帶正電荷的粒子，而這就是「反物質」概念的最初觀點。

1928 年，根據狹義相對論和量子力學，英國青年物理學家狄拉克（Paul Adrien Maurice Dirac）提出一個設想：在自然界中，除了存在著帶負電的電子，還存在著一種正電子，性質與電子一樣，但能量與電荷都為正，這種電子可稱為電子的「反粒子」。他認為，一旦物質和反物質相遇，就會互相吸引，發生碰撞後「湮滅」（annihilation），各自的質量也會消失，並能釋放出龐大的能量，這些能量的出現是以 γ 射線的形式，所以在我們的物質世界中，沒有天然的反物質存在。

狄拉克的這一設想，在科學界產生了很大的震動，科學家們認為這種設想很合理，因而極力尋找和製造反物質。

對反物質的不斷探索

1932年，美國物理學家安德森（Carl David Anderson）正在研究一種宇宙射線，在研究過程中，他意外地發現了一種質量和電量都與電子完全相同的粒子，不過在磁場中彎曲時，其方向與電子相反，也就是說它是正電子。這一發現論證了狄拉克的設想，並大大激發了人們的研究熱情。

1955年，利用高能質子同步加速器，美國的張伯倫（Owen Chamberlain）和塞格雷（Emilio Gino Segrè）兩位科學家發現了反質子；1957年，塞格雷等人又觀察到了反中子。

1978年8月，歐洲物理學家將300個反質子分離了85小時，並成功地儲存了這些反質子；1979年，美國科學家也進行了一個實驗，把一個有60層樓高的巨大氦氣球放到高空，在離地面35公里的高度上讓氣球飛行了8個小時，並捕獲了28個反質子。

關於反質子的發現層出不窮，這些發現不斷激發著人們的熱情。反中子和中子一樣都不帶電，但它們在磁性上存在差別。中子具有磁性且不斷旋轉，反中子也不斷旋轉，但有著與中子相反的旋轉方向。按照這個線索，物理學家們繼續尋找，結果發現了一大群新粒子。到目前為止，已經有300多種基本粒子被發現，這些基本粒子都是正反成對存在。換句話說，任何粒子都可能存在著反粒子。這樣在理論上，用人工的方法把反質子、反中子和正電子組成反物質原子這一設想，就是成立的。

1996年1月，歐洲核子研究中心宣告，利用該中心的設備，德國物理學家奧勒特（Walter Oelert）等人，成功合成了第一類人工製造的反原子，即11個反氫原子。由於這一研究成果意義重大，歐洲核子研究中心還特別慶祝一番。物理學家們預言，技術再經改進後，大量生產反物質原子的設想將成為可能。

反物質究竟存不存在

對於在自然界中究竟存不存在反物質的問題，大家觀點各異。過去的理論認為，在宇宙中，正物質和反物質是對稱、等量的。雖然在地球上反物質只能出現在實驗室裡，且時間短暫，但在茫茫宇宙中的某些區域，卻有可能存在由反物質構成的星系，而那些星體上卻很少存在正物質。而除了電磁性質相反，物質與反物質的其它方面均相同，那麼在宇宙總磁場的影響下，它們會各自向宇宙相反方向集中，分別形成星系與反星系。

根據這種觀點，我們的宇宙應該分為兩部分 —— 正物質和反物質。不過，至今我們也沒有獲得直接證據，能證明關於反星系的分布，因為反物質星系與正物質星系發出的光譜完全相同，我們今天的天文觀測方法根本無法有所區別。

雖然理論上認為，宇宙中應該還有這麼一個反物質世界存在，但事實並不是這麼簡單，因為地球上不存在自然的反粒子和反物質。科學家研究發現，核反應中產生的反粒子，被大量正粒子包圍，所以產生沒多久，就與相應的正粒子結合，反粒子就湮滅了，並轉化成了高能量的光子輻射，可人們至今也沒發現這種光子輻射。

相關連結 —— 黑洞與反物質通道

根據廣義相對論的重力場方程式可推出：宇宙中的黑洞是連接兩個分離時空的隧道，如果反物質世界處於另一時空，那麼黑洞就可能是反物質世界的通道。但是，對於黑洞內部我們目前仍然一無所知，確切地說，黑洞內部就是一個反物質世界。

有人把反物質世界和物質世界關係用一張紙條來加以證明：取一張小紙條，把兩頭完好地黏連，試想，如果有一隻螞蟻在外表爬行，牠怎樣才能進入另一面呢？有兩個辦法：一是爬過紙帶邊緣；一是在紙帶上打洞。可是如果我們把紙帶的一頭旋轉 180°再黏連，紙帶的兩面就變成了一面，只要在紙帶上爬行，螞蟻就可以在紙帶內外隨意地出入。同樣的道理，如果宇宙是一個整體，我們只要進入黑洞，就可以進入反物質世界。

神祕的宇宙黑洞

早在 1796 年，法國天文學家拉普拉斯（Pierre-Simon，marquisde Laplace）就曾預言：宇宙中存在著一個密度如地球大小、而直徑為太陽 250 倍的發光恆星，它的引力非常大，任何光線都會被其吸引。

後來，德國天文學家史瓦西（Karl Schwarzschild）在求解廣義相對論中的重力方程式時提出，宇宙中有一種不旋轉、不帶電、呈球對稱狀的黑暗天體。

其實，這兩位科學家所說的都是同一種天體——黑洞。

黑洞是什麼？

一提到「黑洞」，人們很容易望文生義，把它想像成為一個「大黑洞窟」，其實不然。所謂「黑洞」，就是重力場特別強、任何光也無法逃逸的天體。

根據廣義相對論，重力場將使時空彎曲。當恆星的體積很大時，它的重力場對時空幾乎沒什麼影響，從恆星表面上某一點發出的光，沿直線可以向任何方向射出。而恆星的半徑越小，它對周圍的時空彎曲作用就越大，向某些角度發出的光，就將沿彎曲空間返回恆星表面；而等恆星的半徑小到等於「史瓦西半徑」(Schwarzschild radius) 時，就連垂直表面發射的光都會被捕獲。這時，恆星就變成了黑洞。之所以說它「黑」，是因為它就像宇宙中的無底洞，任何物質一旦掉進去，似乎就

再也不能逃出。

黑洞是如何形成的

那麼，黑洞是怎樣形成的呢？其實，跟白矮星和中子星一樣，黑洞很可能也是由恆星演化而來的。

當一顆恆星衰老時，它的核融合反應已經把中心的燃料（氫）耗盡了，由中心產生的能量已經不多了。這樣，它也就沒有足夠的力量來承擔外殼的巨大重量了。外殼重壓就會使核心塌縮，直到最後形成體積小、密度大的星體，重新有能力與壓力抗衡。

一些質量小的恆星，主要會演化成白矮星，而質量比較大的恆星則可能形成中子星。科學家計算，中子星的總質量不能超過太陽質量的 3 倍。如果超過了這個值，就會再沒有什麼能與自身重力相抗衡的力了，從而導致另一次更大的塌縮。科學家猜想，物質將勢不可擋地向著中心點進軍，直至成為一個「點」——體積趨於零、密度趨向無限大。而當它的半徑一旦收縮到一定程度、即史瓦西半徑時，巨大的引力連光也無法向外傳播，從而切斷了恆星與外界的一切聯繫，「黑洞」就這樣誕生了。

神祕的黑洞

黑洞與其他天體相比顯得非常特殊。比如黑洞有「隱身術」，人類根本無法直接觀察到它，連科學家都只能對它內部結構提出各種猜想。

那麼，黑洞究竟是如何隱藏自己的呢？答案就是——彎曲的空間。我們知道一個最基本的常識，光是沿直線傳播的；然而根據廣義相對論，在重力場作用下空間會彎曲，這時雖然光仍沿任意兩點間的最短距離傳播，但這種傳播走的已不是直線，而是曲線。形象地說，光本來是要走直線的，可是強大的引力硬是使它偏離了原來的方向。在地球上，由於重力場作用小，這種彎曲微乎其微；而在黑洞周圍，這種變形就非常大了。這樣，即使恆星發出的光被黑洞擋住，有一部分會落入黑洞中消失，另一部分也會透過彎曲的空間中繞過黑洞，到達地球。所以我們可以觀察到黑洞背面的星空，就像不存在黑洞一樣，這就是黑洞的「隱身術」。

透過附近天體的運動變化，我們可以推測黑洞的存在。另外，在接近而尚未抵達黑洞的視界時，物質也會高速旋轉，形似喇叭狀或盤狀，在黑洞周邊旋轉，並因摩擦產生高溫，釋放出強大的高能 X 射線。所以透過探測 X 射線，人類可以獲得搜尋黑洞的重要線索。

而在銀河系有核心黑洞，質量相當於 500 萬顆太陽，其引力足以吸引成千上萬顆恆星。這些恆星和氣體飛速旋轉，形成一個龐大的整體，從而構成了浩瀚無邊的銀河系。由此看來，要想深入研究黑洞，還需要釐清宇宙的結構、天體的起源等一系列重大問題。

延伸閱讀 —— 黑洞是否會毀滅

1974 年，英國物理學家史蒂芬．霍金（Stephen William Hawking）做出了這樣一個預言，令整個科學界為之震動 —— 黑洞會發出耀眼的光芒，體積會縮小，甚至會爆炸。

霍金結合了廣義相對論和量子理論，發現黑洞周圍的重力場在釋放能量的同時，還會消耗黑洞的能量和質量。

由此我們可以認定，一對粒子會在任何時刻、任何地點被創生，被創生的粒子就是正粒子與反粒子，而如果這一創生過程發生在黑洞附近，就會發生兩種情況：兩粒子湮滅後，其中一個粒子會被吸入黑洞。由於能量不能憑空創生，反粒子的所有運動過程，可以被視為是一個正粒子與之相反的運動過程，如一個反粒子被吸入黑洞，即可以看作一個正粒子從黑洞逃逸，即黑洞的總能量少了；又愛因斯坦的公式 $E=mc^2$ 表明，能量的損失會導致質量的損失。隨著黑洞質量越來越小，它的溫度也會越來越高。故當黑洞質量損失，同時也會增加黑洞的溫度和發射率，它的質量也會損失得更快。

這種「霍金輻射」(Hawking radiation)對大多數黑洞來說可以忽略不計，因為大黑洞輻射的比較慢，而小黑洞則以極高的速度輻射能量，直至黑洞爆炸。

宇宙中存在外星生命嗎

宇宙中真的存在外星生命嗎？對此人們眾說紛紜。有人說，外星人是一群海陸兩棲的「海豚人」，他們生活在海洋面積廣闊的星球上；有人說，外星人是一群「章魚人」，他們生活的星球沒有陸地，完全被海洋覆蓋；也有人說，外星人是一群由爬行動物演變而來的「蹲踞人」，他們身材粗短，骨骼強壯，心臟肥大，全身長滿了厚厚的皮膚。

但所有的這些都是想像，不過也激發了科學家探尋外星人的興趣。

不明飛行物 —— 飛碟

人類首次發現不明飛行物是在 1878 年 1 月，美國德克薩斯州的一位農民聲稱自己看到了空中有一個圓形物體飛過。

1947 年 6 月 24 日，美國愛達荷州的一名企業家，也聲稱發現了一種以奇特跳躍方式在空中高速前進的 9 個圓形物體。對此，幾乎所有的美國報紙有相關報導，這一事件也引發了一場世界性的飛碟熱。

1966 年 8 月的一天，一艘 UFO 滯留在美國兩部某導彈基地附近。錄影之後，該基地幾乎所有的導彈發射裝置都對準它；

然而，這時發生了奇怪的現象：該基地的所有裝置都在同一時間癱瘓，甚至其中一套最先進的裝置頃刻間就「熔為一堆廢鐵」，UFO 卻安然無恙。科學家們認為，擊中裝置可能是一種類似於高脈衝的的射線，否則先進的導彈發射裝置不可能這麼容易就變成廢鐵。

1970、1980 年代以後，出現了更多有關飛碟的報導，越來越多的人聲稱目睹了飛碟。美國和西歐曾一度懷疑，飛碟是蘇聯研發的「祕密武器」，因為每次飛碟都來自北方。對此，當時的蘇聯外交部長葛羅米柯幽默地聲明：「飛碟可能是由一名大力氣的蘇聯鐵餅運動員擲過來的。」

神祕的 UFO 現象

那麼，飛碟究竟來自何處呢？真的是外星人的太空船嗎？在浩瀚的宇宙空間當中，除了地球上的人類之外，是否還存在另外的外星生命呢？

許多科學家都認為，大多數人看到的不明 UFO，只不過是人們對一些已知現象的誤認，如極光、幻日、幻月、流雲、海市蜃樓、地震光等，而並非什麼不明飛行物。當然也有一部分科學家對 UFO 的存在持肯定態度，他們認為越來越多的事例證實了不明飛行物的存在，只是還不能找到充分的證據。不過，並非所有持肯定態度的專家都支持「外星說」，即外星球有高智慧的神祕生物，且他們製造了 UFO。許多 UFO 專家表示，不應把相信 UFO 的存在等同於相信它來自外星球，因為外星人的存在，只是根據其飛行性能、電磁性質及目擊者的印象推斷出來的結論。

那麼，宇宙中真有外星生命存在嗎？

科學家把研究目標對準了太陽系，經過長期的探測分析，一致認為在太陽系的八大行星中，最有可能存在生命的是土衛六、火星和木衛二，但這些所謂的生命，可能只是一些非常初級的、諸如有機聚合物之類的生命。即使如此，人類並沒有放棄在太陽系中「尋找外星人」的計畫，而且還把目光投向了更加遙遠的銀河系。科學家相信，在銀河系 1,500 億顆恆星中，非常有可能存在類似地球環境的星球，所以並不能排除銀河系中存在智慧生命和文明社會的可能性。

延伸閱讀 —— 對 UFO 的不斷探索

1970 年代，在考察了土星、木星、天王星、海王星後，美國「先鋒 10 號」和「先鋒 11 號」直奔銀河系。太空船上配備了一架特殊的電唱機和一套精心挑選的「唱片」（他們被稱為「地球之音」，記錄了地球上各種有典型代表意義的資訊，其中包括 116 張唱片、35 種地球自然音響、27 種世界名曲和大約 60 種語言的問候詞）。這些「地球之音」被鍍金，外面還加了金屬防護罩，使其能在漫長的宇宙航行中能得到最好的保護。據估計，它們可以在宇宙中存在 10 億年，希望有一天，我們能透過它們收到來自外星生物的問候。

雖然破解外星人和 UFO 之謎有著重重障礙，但人類始終沒有放棄在這方面的努力。隨著一架架巨型無線電望遠鏡的應用，以及太空船的頻頻發射和太空技術的飛速發展，相信我們很快就可以找到答案。

「黑騎士」之謎

假設外星人存在，且有發達的科學，那他們有沒有可能在地球軌道上建造自己的基地呢？

1961 年，在巴黎天文臺觀測站工作的法國學者雅克．瓦萊（Jacques F. Vallée）發現了一顆「大逆不道」的衛星，這顆衛星的運行方向與其它衛星恰好相反，人們為它取了一個高雅剽悍的名字—黑騎士（Black Knight）。

科學家們因此猜測，在離地球 40 萬公里的地球軌道上，運行著一個 UFO 軌道基地，因為 UFO 能改操控重力。

對「黑騎士」的關注與探索

在出現「黑騎士」之後，天文學家們按照瓦萊提供的精確資料，發現這顆獨特衛星環繞地球逆向旋轉。

按照法國著名學者亞歷山大．洛吉爾的觀點，「黑騎士」能以獨特的方式繞地球運行，表明它具有的巨大影響力改變重力，而這只有 UFO 才能做到的。他認為，這顆被稱為「黑騎士」的奇特衛星很可能與 UFO 有聯繫。

在 1983 年 1 ～ 11 月之間，發射於美國的一顆紅外天文衛星在北部天空執行任務時，一個神祕莫測的天體在獵戶座方向兩次被發現。這兩次觀測到時隔 6 個月，說明它在空中的軌道是相當穩定的。

1988 年 12 月，蘇聯科學家透過地面衛星站，在地球軌道上也發現了一顆神祕的巨大衛星，當時他們以為這是美國「太空競賽」中發射的衛星。聯繫政府後才了解到，那顆神祕的衛星在同一時間，也被美國的科學家以為它是屬於蘇聯的！

透過外交，美蘇兩國高層官員明白了那顆衛星是出自第三者。之後有許多調查表明，法國、西德、日本或地球上所有有能力發射衛星的國家，都沒有發射衛星。

蘇聯衛星和地面站的追蹤結果顯示，這顆衛星有著巨大的體積，美麗的外形如同鑽石一般，它的周邊有強大的磁場保護，內部的探測儀器相當先進。它好像具有掃描和分析地球上的每一件物體的能力，所有生物都被包括在內；同時還裝有強大的發報設備搜集資料。

1989 年，蘇聯的太空專家莫斯．耶諾華博士於媒體公開此事。他認為，這枚在地球軌道上的衛星是 1989 年底出現，分析表明它肯定不是來自地球。所以他鄭重表示，蘇聯將會出動火箭，希望能夠將事情查個水落石出。

這件事情被披露後，全世界有200多位科學家表示願意協助美蘇研究這顆可能是來自外太空某個星球的人造天體。

揭祕「黑騎士」

科學家們研究後發現：在地球軌道上運行的不僅有完好的外來人造衛星，而且還有外星太空船殘骸，它們是在爆炸後存留下來的。在1960年代初期，蘇聯科學家就首次發現了在離地球2,000公里的地方有一個特殊的太空殘骸；多年之後，他們才確信那是外星太空船的殘骸，由內部被炸成10塊碎片。

著名的莫斯科天體物理學家玻希克教授，使用精密的儀器追蹤了這10片破損的殘骸軌道後，發現它們原來是一個整體的。據推算，它們最早是在1955年12月18日從同一個地點分離出來。

世界聞名的蘇聯天體物理研究者克薩耶夫說：「有兩個最大的殘骸，其直徑約有30公尺，在外面裝有一定數目的以供通訊之用的望遠鏡、碟形無線。另外，它還有供探視使用的舷窗，內部還有十分先進的設備，太空船的體積顯示出它有大概有5層左右。」

蘇聯物理學家也強調：「所有我們搜集到的證據表明，那艘太空船是因為機件故障而爆炸的。」他認為很有可能有外星人的遺骸存留在太空船上。

整體來說，我們對無邊神祕的宇宙產生了無限的猜想和種種的「謎團」。在科技發達的 21 世紀，科學家們依然不知道，這顆發射於 5 萬年前的人造衛星究竟來自哪裡？誰是它的幕後主謀？它來這裡究竟有什麼目的？

點擊謎團 —— 白洞存在嗎

目前為止，科學家並未真正發現白洞，它還只是個理論名詞。要發現黑洞，甚至超巨質量黑洞，在技術上都比發現白洞要容易得多。可能每一個黑洞都有一個對應的白洞，但是否所有的超巨質量的「洞」都是「黑」洞我們並不確定，我們也不確定白洞與黑洞是否應成對出現。但在遠距離觀察時，就重力的觀點來看，兩者的特性是一樣的。

人們用複雜的數學工具來分析這些相關方程式時，發現時空結構在這個簡單的情形下必須具備時間的反演對稱性（T-symmetry）。這也就說明，如果時間倒流的話，所有一切都應該是相同的，所以如果在未來某個時刻，光只進不出，那過去一定有個時刻，光是只出不進的，看上去就像是黑洞的反轉，所以人們稱之為白洞。

但是科學家認為，在現實中白洞可能並不存在，因為與廣義相對論的簡單解所描述的相比，真實的黑洞要複雜得多，其是在恆星塌縮後的某個時間點形成，並不是在過去就存在，而這樣時間的反演對稱性就被破壞了。所以如果順著倒流的時光往前看，這個解中所描述的白洞你將無法看到，而是會看到黑洞變回塌縮中的恆星。

由於黑洞擁有極強的引力，附近的任何物體都被一吸而盡，而且只進不出。如果我們將黑洞當成一個「入口」，那麼就應該有所謂的「白洞」作為只出不進的「出口」。

有個專有名詞來稱呼黑洞和白洞間的通路，叫做「灰洞」(grey hole)。雖然白洞尚未被發現，但在科學探索的過程中，人們也能陸續發現或證實許多新事物，這也是最美好的事情之一。

人類能否飛越宇宙

人類到達的最遠地方是月球，月球與地球間的距離是 38 萬公里。人類第一次登月共用了 4 天 19 小時 45 分鐘，這個速度僅每秒 9 公里。即使按照第二宇宙速度計算，每秒也只有 11.2 公里。如此，到達火星這個近鄰就得用近半年的時間，到達海王星需要 13 年，到達冥王星需要 18 年！

飛越銀河系要 10 萬年

冥王星距我們不 60 億公里，人類要到達尚且也要花幾十年，那要到達太陽系外、距離我們最近的恆星又要多久呢？如果用速度最快的「航海家」2號，以每小時5.8萬公里的第三宇宙速度向太陽最近的鄰居飛去，也要8萬年才能到達。按照這個速度，飛渡銀河系需要20億年。而如果以相對論所預言的最高速度——光速前進，越過銀河系也得花10萬年的時間，走到我們現今測到的宇宙邊緣地帶，要耗費200億年！

宇宙之路並未中斷，科學家正在滿懷希望地探索穿越。我們可以先抵達別的行星，再走出太陽系，一步一步前進。

飛越宇宙的可行性

1968年，美國的科學家戴森（Freeman John Dyson）提出了一個載人恆星飛行的想法。他設想用一艘重40萬噸的太空船，攜帶30萬噸重的氫彈，在10天內讓太空船加速到達每秒10萬公里，向太陽系的恆星世界飛去；但按照戴森的這個設計，要實現恆星際飛行還是太困難了，因為即使以每秒10萬公里的速度，到達半人馬座比鄰星還是需要130年。

在相對論發展早期，愛因斯坦和龐加萊（Jules Henri Poincaré）討論過超光速粒子——快子的可能性。1970年代，科學界對物質在光速狀態下，質量、時間和長度變換等各項特徵，也提出一些更具體的理論。

在光速條件下，質量與速度的關係是成正比的，速度愈大，質量就愈大。當速度趨近於光速時，質量也趨於無窮大；

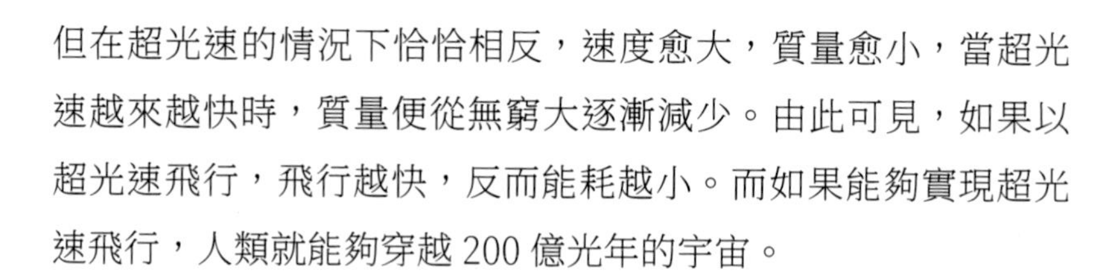
但在超光速的情況下恰恰相反，速度愈大，質量愈小，當超光速越來越快時，質量便從無窮大逐漸減少。由此可見，如果以超光速飛行，飛行越快，反而能耗越小。而如果能夠實現超光速飛行，人類就能夠穿越 200 億光年的宇宙。

相關連結 —— 外太空有多遠

大多數天文學家認為，我們只能看見宇宙的一部分。但是宇宙究竟有多大呢？是不是永無止境呢？還是在某處有一個盡頭呢？如果確實有這樣一個界限的話，這個界限之外又是什麼呢？

天文學家認為，答案可能就在宇宙自身的本性中。依據現有的理論，宇宙繞著自己形成一個曲線，也就是說，永遠不可能有「宇宙之外」的地方，因為無論你怎麼走，都還是會繞著這個曲線再回到原點。

天文學家認為，宇宙彎曲的弧度很特別，不像地球曲線那麼簡單。既無法在紙上畫出來，也無法以模型表示（但是卻可以用非常複雜的數字計算出來）。正如我們可以不斷地沿著地球表面飛行，而永遠不離開地球表面一樣；我們也會在太空中飛行無限長時間，卻始終無法飛出太空之外。

宇宙的末日與明天

過去，宇宙學家們相信自己知道宇宙的結局：它會慢慢衰弱，變得越來越冷、越來越黯淡，最後宇宙中逐漸只剩下一些發光的恆星灰燼。然而現在，這些想法已經成為歷史了。

宇宙的種種結局

根據研究，宇宙可能有很多種未來，比如可能存在宇宙死亡和重生的循環，或宇宙在真空突然變成某種完全不同的物質，宇宙還有可能經歷一次大塌縮，或者我們將迎來大撕裂這種更加暴力的結局等等。

雖然宇宙的終點眾說紛紜，但最近的研究認為，恆星和其他物質之間的引力，仍是宇宙中的支配性力量，這就說明宇宙的未來只有兩種可能：要麼宇宙達到引力能克服大霹靂以來的膨脹的密度，將所有物質在一次大塌縮中重新聚集，成為「大塌縮」；或者宇宙密度不夠大，將會一直持續膨脹。

1998 年天文學家們發現：宇宙的膨脹正在加速，並沒有變慢。透過研究從遙遠超新星來到地球上的光，表明有一種力量正不斷加速。這個發現似乎向我們宣判了宇宙將會迅速湮沒的道路，這也就意味著宇宙變得更冷、更單調的速度，比我們想像的快很多。

但是，因為還沒有人知道導致這種加速的因素，這樁預言科學家還是認為為時過早，天文學家稱之為「暗能量」，但這種神祕的力量的起源和性質仍然是個謎。

對宇宙中諸多「成員」的預測

雖然天文學家們對長期的推測仍有爭議，但他們對宇宙的鄰里關係，在較近的未來持有相同的看法。

按照一般的觀點，60 億年後，太陽會膨脹變成一顆紅巨星，將地球上的海洋蒸乾、甚至吞掉地球，然後就會耗盡核燃料，收縮成一顆白矮星，大小和地球差不多。而如果那個時候地球仍然存在，將會變的非常冷，地球表面會覆蓋著氮冰，五彩繽紛的星雲也會將地球包圍。

銀河系也慢慢走向一個艱難的時期：我們正飛向更大的螺旋狀仙女座大星系，兩者可能會在大約 30 億年後碰撞，彼時將會有一個結構複雜的明亮混血星系在融合過程中誕生。那時很多恆星被拋散，壓縮星系中大部分游離的氣體，從而產生新的恆星。

再過大約幾十億年後，星系的旋臂將會消失，兩個螺旋星系將會融合，形成一個巨大的橢圓星系。除了一些氣體在臨近的小星系被吞噬時噴發外，大部分自由氣體都被耗盡，因此就少有新的恆星誕生了。

一個驚人的高潮，會在銀河系和仙女座大星系碰撞時出現：

在銀河系的中心有一個質量超過太陽 300 多萬倍的巨型黑洞，而仙女座大星系中心的黑洞大約是銀河系中心黑洞的 10 倍。最終兩個黑洞都會落到新的星系中心，互相螺旋接近後融合在一起。驚人的能量也會在這個過程釋放出來，發出強烈的光、X 射線和重力波脈衝，每一顆恆星和行星都會被重力波脈衝壓縮和拉伸。

在宇宙深處，其它星系也在與我們所在的橢圓星系遠離，並且被暗能量牽引得更快，而還會加速多久取決於暗能量的性質。一些非常極端的後果會因能量密度隨時間減弱而產生，首先，宇宙膨脹的加速會變慢，接著暗能量開始減弱，而宇宙終將停止膨脹，然後開始收縮。星系會互相靠近，最後以很高的速度互相碰撞。最後在一次大塌縮中，所有物質都會撞擊到一起，密度和溫度都非常高，就像是宇宙最初大霹靂的一次反轉。

延伸閱讀 —— 宇宙的兩種「死法」

一些科學家認為，利用宇宙間物質的萬有引力，可以使宇宙膨脹停下，並最終形成一個平衡狀態：既不膨脹也不收縮；但更多的學者不贊成這種觀點，他們認為，決定宇宙命運的關鍵，是宇宙間究竟有多少物質。

科學家普遍認為，宇宙中構成星體和生命的普通物質只占 5%，而由我們還未知的粒子所構成的「暗物質」則占 20%，科學家則把剩下的 75% 稱為「暗能量」。因此對暗能量的考察研究，才是對探詢宇宙的未來的關鍵所在。

雖然對於暗能量的性質及作用力解釋，學術界目前還沒有統一的看法，不過通常的觀點認為，如果暗能量與萬有引力的作用方向相反，即表現為斥力，那麼宇宙將會一直膨脹，直到無限的虛空，最終滅亡；反之，如果它與萬有引力的作用方向相同，而且比萬有引力的作用力還要大很多，那麼暗能量就會將把宇宙萬物都「拉到一起」，最終使得宇宙塌縮成一個奇異點，宇宙從此消亡。也就是說，即使宇宙不是「膨脹而死」，也會「壓縮而亡」。

太陽之謎

太陽系的誕生

無論宇宙多麼深邃莫測、壯麗遼闊，我們還是不能總是沉湎於它的宏偉之中，我們必須回到我們生活的星球小家族中，回到我們的太陽及環繞著太陽的星球上。

牛頓時代的人們已經認識到：太陽是構成銀河系億萬顆恆星中的一顆，而地球是環繞著太陽的行星之一。科學界到目前為止，在關於太陽系的誕生提出的全部理論上分為兩類：演化說和災變說。

演化說

演化說認為，整個太陽系最初都是一片混沌狀態，這種混沌狀態中只存在一種物質 —— 星雲。這種星雲十分原始，是一種非常灼熱的氣態物質，並且迅速旋轉，先分離成圓環，在圓環凝聚後又形成行星，而太陽便是由凝聚的核心形成。這是兩百多年來眾多太陽系誕生學說中的一種，也就是著名的「康德－拉普拉斯假說」（Kant 長軸－ Laplace nebular theory）。

當然，關於太陽系的誕生問題，自宇宙學正式成為一門學科以來，一直都沒有一種最權威的說法能讓大家信服。到今天，各種假說不斷出現，已經有四十多種關於太陽系起源的說法，「康得—拉普拉斯假說」只不過比較有代表性罷了，這種說法又被稱為星雲說，也叫演化說。

在當時，「康德－拉普拉斯假說」受到了普遍的擁護；但隨著人們認知的變化，星雲說也開始受到質疑。不過近年來，星雲說又因為美國天文學家卡梅倫（Robert Curry Cameron）的一項假說，而重新得到世人的關注。卡梅倫認為：太陽系原始星雲，是巨大星際雲所氤出的一小片雲。起初這一小片雲不斷自轉，同時在自身引力的作用下又不斷收縮。經過漫長的演化後，它的中心部分便形成了太陽，周邊部分變成星雲盤，星雲盤最後就形成行星。

卡梅倫這一假說受到了世界權威天文學家的重視，然而必須承認的是，這一學說還是無法對太陽和各行星之間動量矩的分配問題提出解釋，「災變說」便應運而生。

災變說

在災變說看來：太陽是單獨生成的，在某個時間段發生了一樁激烈的事件，由此太陽形成了一個家族。18 世紀時，聖經中的大洪水故事，仍然讓科學家們很迷惑，因此地球歷史的災變假說得到了廣泛的歡迎，以一次超級大災變來描述太陽系形成的過程，有何不可？

1745 年，法國博物學家布豐伯爵（Comtede Buffon）提出了一個流行理論：太陽系的生成，源自太陽和彗星一次相撞時產生的碎片；而他之所以把這個天體稱為彗星，是因為想不出其他更好的名稱。現在我們知道，彗星其實是一種微小天體，它們被幾縷極稀薄的氣體及塵埃包圍；但布豐的理論仍然能夠成立，只要我們另為與太陽碰撞的天體取一個名字就可以了。

到了 20 世紀初，英國天文學家金斯（James Hopwood Jeans），又把災變說發展到一個前所未有的高度，使人們再次注意到這種學說。金斯認為，正是由於一顆恆星偶然從太陽身邊掠過，把太陽上的一部分東西拉了出來，才導致了行星的形成。而受到自身潮汐力的作用，太陽表面會拋出一股氣流，在氣流凝聚後，就變成了行星。

但對部分人來說，災變說太過不自然、也太多偶然性，且無法適應牛頓所提出的支配天體運動的自然定律。

點擊謎團 —— 宇宙中還有其他「太陽系」嗎？

是否除了我們的太陽外，其他恆星周圍也存在行星呢？這也直接關係到其他天體上有沒有可能存在生命的問題，因為在那些圍繞恆星旋轉、且具備生存條件的行星上，生命才可能存在。

科學家們長期以來，一直努力尋找太陽系以外的「太陽系」，較早提到的是距離我們 5.9 光年蛇夫座的巴納德星（Barnard），而從 1995 年才開始真正發現太陽系外的行星。

1995 年 10 月，在飛馬座 51 號星的周圍，兩位瑞士天文學家發現了一顆行星類天體，並把它命名為「飛馬 51B」；3 個月後，在室女座 70 號星和大熊座 47 號星的周圍，兩位美國天文學家又發現了行星類天體，分別被稱為「室女 70B」和「大熊 47B」。

如今，至少已找到了 10 顆以上的天體，並確認為是太陽系外的行星。但有一個情況非常值得注意：這些被認為是行星的天體，遠比我們原先想像的要複雜。它們有的表面溫度比較高，有的繞主星軌道離心率比較大，而這樣的行星上不可能存在生命。

但具有重要意義的是，在離太陽系不遠的地方，也存在著類似於太陽系這樣的「太陽系」。因此不難想像，光是在銀河系中的「太陽系」就可能為數不少。

太陽系的演化

太陽作為一顆恆星，正不斷地演化。它今天是一顆主序星，核心部分的氫不斷地轉化為氦；幾十億年以後，它就將成為一個紅巨星。太陽表層也經常變動，這就是所謂的太陽活動。

太陽系在演化

在行星、衛星等天體都形成以後，太陽系也不是就固定了，而是在不斷演化著。地球也在不斷地演化，如地殼運動、圈層分化、火山活動等，都是地球科學工作者的研究對象。太陽作為一顆恆星正不斷地演化。它今天是一顆主序星，核心部分的氫不斷地轉化為氦；幾十億年以後，它就將成為一個紅巨星。太陽表層也經常變動，這就是所謂的太陽活動。

有時候，太陽表層爆發的規模遠超過地球上最猛烈的火山爆發。地球以外的其他行星、月球和其他衛星，也都在不斷地演化。彗星的演化尤其迅速，有些彗星在接近太陽時就分裂為幾個部分，有些則整個瓦解，彗星的軌道也在不斷地變化。

如果上面所描述的星雲盤演化史是正確的話，那麼，行星的軌道半長軸，最初都比今天的軌道半長軸小。太陽在金牛座T型星階段裡拋射掉大量物質，它的吸引力減弱以後，各行星的軌道半長軸才能增加到今天的數值。至於從那時候以來四十多億年間，軌道半長軸有沒有變化、如何變化，這個問題則不容易回答。根據天體力學的研究，行星公轉軌道的半長軸，長時間來沒有經過大的變化。但是，這個問題還需要繼續研究。

形形色色的演變更替

由地球和月球組成的地月系演化情況，我們已經了解得比較清楚。月球的潮汐摩擦作用一直在使地球的自轉速度變慢，使地球的自轉週期每 100 年增加 0.0015 秒。人們從約 4 億年前的珊瑚化石，推算出當時每年有 400 天，這就是地球的自轉週期由於潮汐摩擦而變長的可靠證據，潮汐摩擦也使得月球逐漸離開地球。

太陽系裡除了太陽、行星、小行星、衛星、彗星以外，目前還有大量的流星體，即大大小小的固體質點和固體塊，這一點已是無可懷疑。經常落在地球上的隕石以及產生流星現象的小天體，就是這樣的流星體。天氣晴朗時在傍晚或黎明，當逢黃道和地平線的夾角較大時，我們會看到一種黃道光，這很可能是一個以太陽為中心的透鏡狀流星物質雲，反射太陽光而產生的。月球上大大小小的撞擊坑，絕大部分就是由於流星體撞擊產生。前文提過，甚至月面上很大的「海」，也是由於很大的流星體撞擊月面、擊穿外殼，使月球內部的液態物質流出而形成的。在火星和水星表面也發現了許多撞擊坑，它們也是流星體撞擊而成。

太陽系裡的流星體，一部分是原來星雲盤裡星星的殘餘，另一部分則是在太陽系演化過程中逐漸形成，這些過程包括彗星的瓦解、小行星的互相碰撞、行星和大衛星上的爆發等。例如，彗星瓦解後就形成一個流星群，太陽的潮汐作用則使流星群沿著軌道逐漸散開。

半徑小於一微米的流星體，會因為太陽光壓力的驅趕而離開太陽，有些甚至會離開太陽系；而對於質量在 10^{-10}g ～ 10^{5}g 之間較大的流星體，太陽的光壓會發揮另一種影響。由於流星體的公轉軌道都是橢圓，離心率一般較大，太陽光壓對流星體的公轉會有制動作用，使它們的公轉速率降低，從而向著太陽下落。在地球軌道附近的流星體，如果半徑為 1 毫米、密度 1.5，那麼它們只要過 100 萬年，就會由於太陽光壓對它們公轉的阻力而落入太陽。不過實際上，當流星體很接近太陽時，太陽的高溫會使它們蒸發。

除了流星體以外，太陽系空間裡還充滿著氣體，這些行星際氣體很稀薄，每立方公分只有幾個到十幾個分子。行星際氣體的主要來源是太陽的粒子輻射，包括太陽風和太陽發出的宇宙線；此外，行星大氣的蒸發、彗髮和彗尾的擴散、行星和大衛星上的爆發、天體的互相碰撞，以及來自太陽系以外的宇宙線，都能把氣體輸送到行星際空間裡。行星際氣體一方面在離開太陽系，另一方面又從上述各種過程不斷被補充，這也是太陽系演化的一個方面。

相關連結 —— 太陽其實是顆很普通的恆星

所謂恆星，是指由其內部能源產生輻射而發光的大質量球狀天體，太陽就是一顆典型的恆星。一般來說，恆星的體積和質量都很大，只是由於距離地球太遠，我們看到的星光才顯得非常微弱。古代天文學家認為，恆星在星空的位置是固定的，所以為其命名「恆星」。

恆星質量，基本上都在太陽質量的百分之幾到 120 倍之間，其中以在 0.1~10 個太陽質量之間的占多數。由此可見，我們的太陽也只是顆質量處於平均水準的普通恆星而已。

從恆星的直徑大小來看，一般認為御夫座S食雙星系統中，那顆看不見的伴星，大概是已知的最大恆星了，其直徑約為57億公里，相當於太陽直徑的4,000多倍；而中子星則是迄今發現最小的星，典型中子星的直徑約10公里，相當於太陽的1/140,000。從中可見，太陽的直徑也是出於眾多恆星中的中間位置而已。

再說恆星的光度，也就是恆星真正的發光能力。恆星的光度變化範圍很大，但大部分都在太陽的1/500,000倍～500,000倍之間。

從恆星的表面溫度來說，恆星的表面溫度基本上都在2,000～80,000℃之間，太陽也是處於中間位置，表面溫度約6,000℃。

太陽系的家庭成員

每天迎接早晨第一束陽光的時候，你是否知道，它從太陽照射到地球，已經「跑」了8分20秒了。你能想像得出太陽離我們有多遠嗎？要知道，光線每秒鐘跑30萬公里，它沿赤道繞地球一周，只需要1/7秒！因此我們可以計算出，太陽到地球的平均距離有1.5億公里。

在龐大的太陽系家族中，太陽的質量占太陽系總質量的99.8%，八大行星以及數以萬計的小行星占有的比例微忽其微。同時，太陽又慷慨無私地奉獻出光和熱，促使他們不停地演化。

萬物之源——太陽

太陽的質量是地球的 33 萬多倍，體積大約是地球的 130 萬倍，半徑是地球半徑的 109 倍多，約為 70 萬公里。儘管如此，它也僅是宇宙中一顆普通的恆星。

太陽的內部從裡向外，由日核、輻射層、對流層、光球層 4 個層次組成。太陽的表面經常會出現太陽黑子、閃焰和日珥等，這些會在後文詳細介紹。

行星及其衛星

一般來說，行星的直徑必須在 800 公里以上，質量必須在 50 億噸以上。按照這一定義，目前太陽系內有 8 大行星：水星、金星、地球、火星、木星、土星、天王星、海王星。行星定義委員會（國際天文學聯合會 IAU 下屬）稱，將來太陽系中可能會有更多符合標準的天體被列為行星。目前在天文學家的觀測名單上，符合行星定義的太陽系內天體可能就有 10 顆以上。

行星自身並不發光，環繞著恆星運行。行星需要具有一定的質量，而且要夠大，所以形狀大約會是圓球狀，質量不夠的天體則被稱為小行星。

在太陽系內，我們用肉眼可以看到的行星有 5 顆，包括水星、金星、火星、木星和土星。經過千百年的探索，到 16 世紀哥白尼建立日心說後，人們才認識到地球也是繞太陽公轉的行星，而包括地球在內的 8 大行星，則形成了一個共同圍繞太陽旋轉的行星系——太陽系的主要成員。

在主要由恆星組成的天空背景上，行星有明顯的相對移動。水星是離太陽最近的行星，以下依次是金星、地球、火星、木星、土星、天王星和海王星。

衛星是圍繞著行星運行的天體，地球的衛星是月亮。衛星可以反射太陽光，不過除了月球，其它衛星的反射光都非常微弱。在大小和質量方面衛星相差懸殊，運動特性也很不一致。太陽系中，除了水星和金星，其它的行星都有各自數目不等的衛星。

小行星

太陽系內類似行星環繞太陽運動、但體積和質量都比行星小得多的天體叫做小行星。大部分小行星的運行軌道都在火星和木星之間。

至今為止，在太陽系內一共發現了約 70 萬顆小行星，但這可能僅是小行星總體的一小部分而已。在這些小行星中，只有少數小行星有著大於 100 公里的直徑，微型小行星則只有鵝卵石一般大小。

約有 16 個小行星的直徑超過 240 公里，它們位於地球軌道

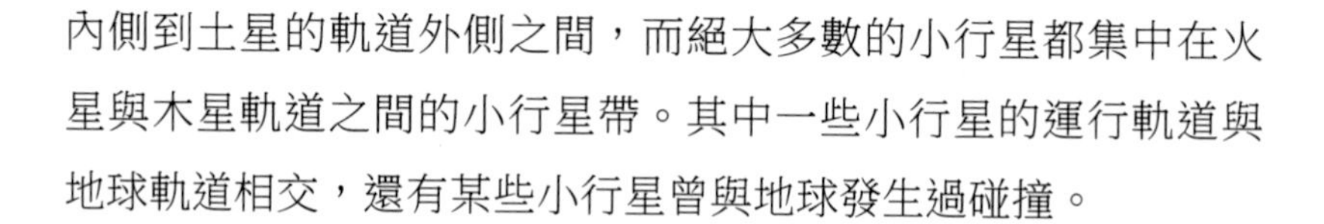

內側到土星的軌道外側之間，而絕大多數的小行星都集中在火星與木星軌道之間的小行星帶。其中一些小行星的運行軌道與地球軌道相交，還有某些小行星曾與地球發生過碰撞。

彗星

作為太陽系中形狀最奇特多變的一員，彗星接近太陽時，彗頭直徑有的可以達到 10 萬公里以上，彗尾更是長達上千萬公里，甚至更長。然而，彗星的平均密度竟比人造真空還低。有人估計，太陽系中有不下 10 億顆的彗星，不過每年能用望遠鏡看到的只有幾顆或十幾顆。

流星

流星平常我們是看不見的，只有當它們落入地球大氣層與大氣摩擦並燃燒時，我們才會看到它在在天空中留下的一道耀眼亮光，這就是我們肉眼能看到的流星。一般來說，每年有不下 20 萬噸沒有燃盡的流星體落到地面上，絕大多數只有針尖般大小，而所謂的隕石，就是有些質量較大的流星體沒燒完就墜落下來了。

行星際物質

行星際物質大多集中在黃道面附近，極為稀薄，從而形成黃道光，這是一種錐體狀的微弱光芒，在每天日出前或日落後出現在黃道兩邊，還有對日照（Gegenschein），即在低緯度和高山地區，有時在背對太陽的天空，可以看到的一個橢圓的亮斑。

延伸閱讀 —— 被降級的冥王星

冥王星位居太陽系九大行星末席長達七十多年之久，其地位自發現之日起就備受爭議。經過天文學界多年的爭論，冥王星終於被驅逐出了行星家族，「慘遭降級」。從此之後，這個在太陽系邊緣遊走的天體將只能被稱為「矮行星」了，就像其他一些差不多大的「兄弟姐妹」一樣。

2006 年 8 月 24 日，「行星」的新定義在國際天文學聯合會大會通過，是指圍繞太陽運轉、自身引力足以克服其固體應力而使天體呈圓球狀、且能夠清除其軌道附近其他物體的天體。依據新的定義，太陽系行星有水星、金星、地球、火星、木星、土星、天王星和海王星；而同樣呈圓球形、具有足夠質量，但不能將其軌道附近其他物體的天體清除的被稱為「矮行星」，冥王星據此就被定義為一顆矮行星。其他不符合上述條件的物體，雖然也圍繞太陽運轉，但被統稱為「太陽系小天體」。

太陽到底有多熱

在希臘神話中，太陽神總是駕著光彩奪目的馬車於天際之間翱翔，但卻沒有關於太陽溫度的描寫；更有甚者，曾有人幻想登上太陽表面，就像做一次如登月一樣的飛行。

夏天比冬天暖和、白天比黑夜暖和，太陽直晒處比陰涼處暖和，但可能根本沒想過太陽究竟有多熱？幸運的是，我們無須製作一支特殊的溫度計來測量太陽的溫度，因為我們已經發現太陽本身的溫度，會影響它發出光線的數量與強弱。

對太陽溫度的探索

俄國天文學家采拉斯基（Vitol'd Karlovic Tseraskiy）曾做過這樣一個實驗：透過一個直徑 1 公尺的凹面鏡，產生一個太陽像（1 分錢硬幣大小），該像位於凹面鏡的焦點上。而當金屬片被這個亮斑照射時，很快就彎曲、熔化了。經過采拉斯基測算，這個光斑溫度大約有 3,500℃。於是他斷定，太陽上的溫度必定高於 3,500℃。

1879 年，奧地利物理學家約瑟夫．史蒂芬（Josef Stefan）指出，當某物體發生溫度變化時，它所產生射線總量，按絕對溫度（一種溫度的表徵形式，絕對零度等於 -273℃）變化的 4 次方變化。也就是說，如果物體的絕對溫度變成原來的 2 倍，那該物體產生的射線總量就會升高為原來的 16 倍，以此類推，而當它的絕對溫度升到 3 倍時，產生的射線總量會提高 81 倍……

1893 年，德國物理學家威廉．韋恩（Wilhelm Wien）又指出，任何發熱物體所產生的射線光譜範圍都是一定的，光譜範圍在物體溫度升高時，依次由紅到紫而改變顏色，一般情況下：600°C時是深紅色；1,000°C時是鮮紅色；1,500°C時是玫瑰色；3,000°C時是橙黃色；5,000°C時為草黃色；6,000°C時為黃白色；12,000～15,000°C時為白色；25,000°C以上時是藍白色。而太陽的光譜線位置正處於黃區，由此得知，太陽表面溫度約為 6,000°C。

不過，只能表明太陽表面的溫度是 6,000°C。根據對地球的認識，科學界認為，任何一顆星球內部的溫度都比其表面的溫度要高，這一法則同樣適用太陽。既然太陽表面溫度就與地心溫度相近，同時由於太陽的質量巨大，其內部產生的壓力遠遠大於地球內部，因此科學界認為，太陽內部的溫度比木星內部 50,000°C還要高。

太陽內部到底有多熱

1920 年代，英國天文學家亞瑟．史丹利．愛丁頓（Arthur Stanley Eddington）找到了太陽溫度的答案。首先他將太陽設想為一顆巨大的高溫氣球，太陽上各種物質在重力的影響下，將產生向其內部運動的趨勢。如果內部氣體含量過小，那麼因重力作用，這個氣球就會急劇收縮；而事實上，太陽直到今天也沒有收縮。因此愛丁頓認為，太陽本身存在某種強大力量，使其保持堅固結構並能有效阻止其收縮。他認為，這些現象都歸因於熱現象。

愛丁頓透過在地球上的實驗得出結論：氣體體積在溫度升高時會逐漸膨脹。因此，他認為太陽每時每刻的狀態都保持一種平衡，其內部蘊含的熱量使其產生擴張的趨勢，而同時它在重力的作用下，又產生了收縮的趨勢。由於這種平衡的作用，太陽將永遠穩定地存在下去。

根據對太陽重力的計算，愛丁頓大致求出了在保持平衡狀態下，太陽本身所必須具備的熱量。使他大為吃驚的是，太陽內部的溫度竟會達到百萬數量級。而如今較權威的資料顯示，太陽的溫度能達到 15,000,000℃。

小知識 —— 一些關於太陽的數據

→ 太陽質量 $=1.9891\times10^{33}g$

→ 太陽半徑 $R=6.96265\times10^{5}km$

→ 太陽表面積 $=6.087\times10^{12}km^{2}$

→ 太陽體積 $=1.412\times10^{18}km^{3}$

→ 太陽平均密度 $=1.409g/cm^{3}$

→ 太陽常數 $f=1.97kW/m^{2}$

→ 太陽表面有效溫度 =5770K

→ 日地距離：

- 日地平均距離（天文單位）$=1.49597870\times10^{11}m$（約 1.5 億公里）
- 日地最遠距離 $=1.5210\times10^{11}m$
- 日地最近距離 $=1.4710\times10^{11}m$

→ 太陽自轉會合週期：
 · 赤道 =26.9 天
 · 極區 =31.1 天
→ 光譜型：G2V
→ 目視星等 =-26.74 等
→ 絕對目視星等 =4.83 等
→ 熱星等 =-26.82 等
→ 絕對熱星等 =4.75 等
→ 太陽表面重力加速度 =$2.74\times10^4 cm/s^2$
→ 太陽表面脫離速度 =618km/s
→ 太陽中心溫度 =$1.5\times10^7 K$
→ 太陽中心密度 =$160g/cm^3$
→ 地球附近太陽風的速度 =450km/s
→ 太陽運動速度（方向 α=18h07m，δ=+30°）=19.7km/s
→ 太陽年齡≈ 5.45×10^9 年
→ 太陽活動週期 =11.04 年

太陽的內部結構長什麼樣子

根據太陽的距離，天文學家確定了它的直徑是地球的 109 倍，為 139 萬公里，體積則是地球的 130 萬倍。因此可以說，太陽是一個熾熱發光的氣體團，而根據太陽大氣不同深度的不同性質特徵，天文學家把太陽從裡向外分為幾個層次。

日核——太陽的中心

日核半徑大約占整個太陽半徑的 1/4，雖然不算大，但集中了太陽的大部分質量，而且太陽的光和熱也都是從這裡發出。太陽的主要成分是氫，從而也為氫核融合反應提供了足夠的燃料。理論研究表明，在氫原子核融合為氦的過程中，這些光和熱釋放出來，因此日核也叫做核反應區。

輻射區

日核外面的一層稱為輻射區，它能以輻射的形式將日核產生能量傳送到外面。它的範圍從 0.25 個太陽半徑到 0.86 個太陽半徑處，溫度大約為 700,000K，要比太陽核心低很多。從體積來說，輻射區占整個太陽體積的絕大部分。

對流區

除了需要輻射外，太陽內部能量也會有對流。從 0.86 個太陽半徑向外，到達太陽大氣層底部的這一區間，叫做對流層。這一層氣體的性質很不穩定，有著明顯的上下對流運動。對流產生的結構像氣泡一樣，就是我們在太陽大氣光球層中看到的「米粒組織」。

太陽大氣層

太陽內部結構的最外層是對流區，而對流層的外面就是太陽大氣層。從裡向外，太陽大氣層又可分光球、色球和日冕。我們看到耀眼的太陽，就是太陽大氣層中光球發出的強烈的可見光。

光球層屬於太陽大氣層中的最低層或最內層，位於對流層的外面，約厚 500 公里。

光球之外就是色球。由於平時地球大氣可以散射強烈的可見光，色球便在藍天之中被淹沒了。我們只有在日全食時，才可能看到色球紅豔的面貌。作為充滿磁場的電漿層，太陽色球厚約 2,500 公里，從裡向外溫度逐漸增加，與光球頂銜接的部分約 4,500°C，到外層可達攝氏上萬度。隨高度的增加，光球的密度逐漸降低，整個色球層的結構也很不均勻。太陽高層大氣由於磁場的不穩定性經常產生爆發活動，產生如閃焰等現象。

作為太陽大氣層的最外層，日冕中的物質也是電漿，不過密度也沒有色球層高，但它的溫度高於色球層，能達到攝氏上百萬度。日全食時，在日面周圍我們看到的放射狀、非常明亮的銀白色光芒，就是日冕，在後文也會詳細介紹。

新知博覽 —— 米粒組織

作為太陽光球層上的一種日面結構，米粒組織呈多角形小顆粒狀，比較明亮易見，因為它的溫度比米粒間區域的溫度約高 300℃。雖說它們是小顆粒，但直徑大的甚至可達 3,000 多公里，一般情況下也有 1,000 ～ 2,000 公里。明亮的米粒組織很可能是從對流層上升到光球的熱氣團，分布均勻且不隨時間變化，呈激烈的起伏運動。上升到一定的高度時，米粒組織很快就會變冷，並馬上沿著上升熱氣流之間的空隙處下降。

米粒組織的壽命非常短暫，平均只有幾分鐘，產生到消失的過程幾乎比地球大氣層中的雲消煙散還要快；此外，近年來發現的超米粒組織，壽命約為 20 小時。有趣的是，新的米粒組織在老的米粒組織消逝時，會在原來位置上很快地出現。這種連續現象類似於我們在煮米粥時所看到的不斷上下翻騰的熱氣泡。

太陽的能量來自何處

太陽可以輻射出大量的能量，成為人類開發利用的新能源。可以毫不誇張地說，地球上人類迄今為止利用的主要能量，都直接或間接地來自太陽。

燃燒說

對於太陽的能量來源，古往今來就眾說紛紜，首先出現的就是「燃燒說」，這也是一種最原始、最樸素的猜測。

在「燃燒說」看來，太陽透過燃燒內部物質來發光發熱。

有人曾把太陽設想成一個巨大無比的「煤爐」，發出強光和輻射熱量的過程類似煤炭燃燒。不過，科學研究的成果告訴我們，太陽表面溫度高達 6,000℃，而由碳和氧發生化學反應生成二氧化碳的「燃燒」，很難能達到如此高的溫度，同時根據測量資料，以功率單位 W 計算的話，太陽每秒的輻射能量可達 3.9×10^{26}W，這樣的天文數字是絕對不可能靠普通燃燒來維持的；再者，如果太陽是靠這種化學反應能來維持的話，那它最多也就能燃燒幾千年，可是太陽到今天為止已經存在了 45 億年，並且仍然沒有衰退的跡象。由此可見，「燃燒說」站不住腳。

流星說

在燃燒說被推翻後，又有人提出了流星說，認為太陽周圍稠密的流星以可觀的宇宙速度撞擊太陽，從而將動能轉變為太陽的熱能。

可是，如果這種說法成立的話，那麼要想維持太陽發出的巨大能量，在近 2000 年內墜落在太陽表面上的流星，應該會使太陽的質量顯著增加，而這就會影響行星的運動。但從八大行星目前的運動情況來看，它們的變化並不顯著。況且按照牛頓的萬有引力理論，流星不會在太陽上空漂浮，也不會大量落在太陽上，而都是遵循閉合軌道繞太陽運行。因此流星說也不成立。

收縮說

關於太陽能量的來源，第一個可稱得上「理論」的是太陽「收縮說」，由物理學家亥姆霍茲（Hermann von Helmholtz）於 1854 年提出。

亥姆霍茲認為，像太陽那樣發出輻射的氣團，因為冷卻必定會收縮。在收縮中，當氣團分子向太陽中心墜落時，就會轉變成動能，進而再轉變為熱能，從而維持太陽所發出的熱量。

但透過科學計算我們可以發現，如果這樣下去，太陽的壽命無法超過 5 千萬年，而現今太陽已經 45 億歲了。面對事實，連亥姆霍茲自己也要對自己提出的「收縮說」搖頭了。

核燃燒說

根據光譜分析，我們知道太陽中含有豐富的氫以及少量的氦。可見，這兩種元素一定與太陽能有密切的關係。1911 年，人們發現了原子核，然後開始猜測太陽能量也可能是源自原子核反應中的釋放，例如透過核反應，4 個氫結合成 1 個氦，就能放出 20 兆電子伏特以上的能量。愛因斯坦曾提出過著名的質能關係式「E（能量）$=m$（質量）$\times c^2$（光速）」，按照這個公式我們可以計算出：4 個氫核質量，約等於 4,000 兆電子伏特的能量，核燃燒後的「質量虧損率」為 $Am/m=20/4,000=5\times10^{-3}$；而透過質能關係，從太陽的輻射功率同樣可以估計出太陽每秒

減少的質量為 4×10^{6} 噸，與太陽總質量（2×10^{27} 噸）之比是 2×10^{-21}，這就是太陽的「質量虧損率」。

比較兩者後得出的結論就是：太陽的壽命為幾百億年。於是人們總算明白了：原來太陽中的燃料就是氫，而氦則是它燃燒後的餘燼，氫的核融合反應產生了太陽能。而科學家們從太陽光的光譜分析，也證實了太陽裡確實存在氫氣和氦氣。

但疑團還是遠未完全解開，儘管我們對太陽能量的來源認識不斷深化，因為氫彈爆炸反應是在頃刻之間完成的，而對於這種核融合反應人們至今無法控制（無法像核分裂反應那樣持續進行)。假設太陽真的發生了「氫彈爆炸」，那所有的氫氣為什麼沒有一起參與反應呢？如果反應過程中所有的氫都參與，那麼反應一次後，就理應逐漸冷卻了；但是研究證明，太陽光的強度數百萬年來並沒有絲毫減弱的趨勢。如果太陽是在進行大規模有控制的核融合，那使太陽中的氫能局部、持續地參與核融合反應需要什麼條件呢？由此看來，太陽能量的來源，仍是科學家們努力探索的一個未解之謎。

相關連結 —— 太陽的公轉與自轉

在太陽系中，地球和所有的行星都是在自轉的同時，繞著太陽公轉的。那麼太陽作為太陽系中心，是不是也在自轉和公轉呢？古人無法解答。直到 1609 年，伽利略發明了望遠鏡，才使得觀察太陽是否也在自轉的問題成為可能。

與地球自轉方向一樣，太陽也是自西向東旋轉，因此從地球上，我們會看到太陽黑子在日面上的移動方向是自東向西。而作為一顆氣態球體，太陽表面不同緯度的地方，有著不同的旋轉速度，赤道區的速度最大，轉一圈只要 25 天，而旋轉速度也隨著緯度的提高變慢。到了緯度 80° 的地方，轉一圈就要 35 天了。

太陽在自轉的同時，還率領整個太陽系繞著銀河系的中心飛轉（250km/s 的速度），我們把這種運動稱為太陽公轉。太陽公轉一周大約需要 2.5 億年。而太陽在繞銀河系的中心公轉的同時，還以每秒 20 公里的速度向著武仙座方向大踏步飛奔。

太陽黑子為何物

在太陽光球層上，有一些如同淺盤一樣的漩渦狀的氣流，中間下凹，呈現黑色，這些漩渦狀的氣流就是太陽黑子。

事實上，太陽黑子本身並不是黑色，之所以我們看到的是黑色，是因為它的溫度比光球層要低 1,000 ~ 2,000℃，在更加明亮的光球襯托下，它就成為看起來如同沒有亮光的、暗黑的黑子了。

太陽黑子是什麼

太陽黑子是最基本、最明顯的太陽活動現象。一般來說，太陽黑子很少單獨活動，而常常會成群出現，黑子分為本影和半影，它們都是由許多纖維狀紋理組成的，並具有漩渦狀結構，本影特別黑，半影則不太黑。當黑子群結構呈現漩渦狀時，就預示著太陽將有劇烈的變化。

黑子的活動週期為 11.2 年，屆時地球磁場和各類電子產品和電器會受到損害。在剛開始 4 年左右，黑子會不斷產生，並越來越多，活動也會逐漸加劇。而所謂的太陽活動峰年，就是在黑子數達到極大的那年。在隨後的 7 年左右時間裡，黑子活動會逐漸減弱，黑子也越來越少；所謂的太陽活動穀年，也就是黑子數極小的那一年。

太陽黑子的特性

一個完整的黑子由兩部分構成：較暗的核和周圍較亮的部分，中間凹陷大約 500 公里。黑子由兩個主要的黑子組成居多(通常成對或成群出現)，而位於西面的稱為「前導黑子」，位於東面的稱為「後隨黑子」。一個小黑子大約有 1,000 公里，而一個大黑子則可達 20 萬公里。

太陽黑子的形成與太陽磁場密切相關，但至今也沒找到它的形成原因。科學家推測，極有可能是強烈的磁場使某片區域的物質結構發生了改變，太陽內部的光和熱從而不能有效到達表面，從而形成這樣的「低溫區」。

太陽黑子產生的帶游離子，會使地球高空的游離層遭到破壞，使大氣發生異常，還會干擾地球磁場，從而使電訊中斷。

太陽黑子的週期性

天文學家對黑子週期從 1755 年開始標號統計，規定太陽黑子的平均活動週期為 11.2 年。黑子最少的年份為一個週期的開始年，稱作「太陽活動寧靜年」，黑子最多的年份則稱作「活動峰年」。

太陽黑子對地球的影響

作為地球上光和熱的源泉，太陽的一舉一動都會對地球產生各式各樣的影響。既然黑子是太陽上物質的一種激烈活動現象，所以對地球的影響也很明顯。

如果太陽上有大群黑子出現，地球上的指南針就會抖動，無法正確指示方向；不僅如此，就連平時善於識別方向的信鴿也會迷路；無線電通訊也會受到嚴重阻礙，甚至會中斷一段時間。飛機、輪船和人造衛星的安全航行、電視、傳真等方面都會因為這些反常現象而受到很大威脅。

此外，黑子還會引起地球上氣候的變化。100 多年前，一位瑞士天文學家就發現了在黑子多的時候地球上氣候乾燥，農業豐收；而黑子少的時候則氣候潮濕，暴雨成災。中國科學家發現，凡是古書上記載黑子多的世紀，特別寒冷的冬天就會相對更多。還有人對一些地區降雨量的變化情況做了統計，發現每過 11 年這種變化也會重複一遍，也很可能跟黑子數目的增減有關。

研究地震的科學工作者發現，地震會隨著太陽黑子數的增加而提高頻率，而次數的多少也有大約 11 年左右的週期性。

植物學家也發現，樹木的生長情況的變化也與太陽活動的 11 年週期相符合。黑子多的年份樹木生長得快；黑子少的年份就生長得慢。

有趣的是，黑子數目的變化甚至還會使我們的身體受到影響，人體血液中白血球數目的變化也存在 11 年的週期性。

新知博覽 —— 太陽閃焰

1859 年 9 月 1 日，兩位英國的天文學家分別用高倍望遠鏡觀察太陽，在一大群形態複雜的黑子群附近同時發現了一大片明亮閃光，它發射出的耀眼光芒掠過黑子群，亮度逐漸減弱，直至消失。這就是閃焰，是太陽上最強烈的活動現象。

這次閃焰又被稱為「白光閃焰」，因為它強烈到在白光中也能看到。白光閃焰極為罕見，僅僅在太陽活動高峰時才可能出現。閃焰一般只存在幾分鐘，個別閃焰能持續幾小時。

閃焰出現的時候會釋放出大量能量，一個特大的閃焰釋放

的總能量通常高達 10^{26} 焦耳（相當於 100 億顆百萬噸級的氫彈爆炸產生的總能量）。閃焰先在日冕低層爆發，後來下降傳到色球。用色球望遠鏡觀測到的稱為次級閃焰，是後來的閃焰。

閃焰按面積可以分為 4 級，由 1 級至 4 級逐漸增強，小於 1 級稱為亞閃焰。其顯著特徵是輻射品種繁多，除了可見光，還有 X 射線、紅外線、紫外線、無線電波和 γ 射線。閃焰向外輻射出的大量紫外線、X 射線等在到達地球後，嚴重影響游離層對電波的吸收和反射作用，使部分或全部短波無線電波被吸收，甚至完全中斷。

太陽風是怎麼回事

太陽風是從恆星上層大氣射出，以 200 ~ 800km/s 的速度運動的超音速電漿流，或者叫帶電粒子流。在不是太陽的情況下，這種帶電粒子流也常被叫做「恆星風」。

雖然這種物質不是由氣體的分子組成（與地球上的空氣不同），而是由更簡單的比原子還小一個層次的基本粒子——質子和電子等組成，但它們流動時所產生的效應類似於空氣流動，所以稱它為太陽風。

發現太陽風

1850 年，一位名叫卡林頓（Richard Christopher Carrington）的英國天文學家在觀察太陽黑子時，發現太陽表面出現了一道持續了約 5 分鐘左右的小小閃光。卡林頓認為自己或許碰巧看到了一顆大隕石落在太陽上。

到了 1920 年代，更精緻的探測儀器出現了。透過觀察人們發現：這種「太陽光」其實非常普通，而它的出現往往與太陽黑子有關。在 1899 年，美國天文學家霍爾（Asaph Hall）就發明了一種太陽攝譜儀，用來觀察特定波長的太陽光，人們就能拍攝到太陽的照片。結果查明，太陽的閃光並不是所謂的隕石落在太陽上，而不過是熾熱的氫短暫爆炸而已。

小型的閃光非常普通，尤其在太陽黑子密集的地方，一天就能看到百次以上，特別是在黑子「生長」過程中更是如此；但很少能見到像卡林頓看到的那種巨大閃光。不過，因為這種閃光爆發的方向正對著地球，它也會對地球產生影響。在這種爆發過後，地球上就會一再出現怪事，比如羅盤的指針會發狂似地擺動，因此這種效應也被稱為「磁暴」。

天文學家透過更深入地研究，發現在這些爆發中，顯然有熾熱的氫被拋出去很遠，其中有些還克服了太陽的巨大引力，射入太空。氫的原子核，也就是質子，太陽周圍也有一層質子雲以及少量複雜原子核。1958 年，美國物理學家派克（Eugene Newman Parker）就把這種向外湧的質子雲叫做「太陽風」。

太陽風的成因

那麼太陽風究竟是怎樣形成的呢？這就需要先了解一下太

陽大氣的分層情況。

一般來說，我們把太陽大氣分為 6 層，由內往外依次為日核、輻射區、對流層、光球、色球和日冕。日核的半徑約占太陽半徑的 1/4，它集中了太陽質量的大部分，而且太陽 99% 以上的能量都發生在這個地方；光球也就是我們平常所見到的明亮太陽圓面，太陽的可見光全部都是由光球面發出；日冕屬於太陽的外層大氣，位於太陽的最外層，而太陽風就是在這裡形成並發射出去。

從用 X 射線或遠紫外線拍下的日冕照片中，我們可以看到在日冕中有大片的暗黑區域（呈長條形或不規則形狀），透過人造衛星和宇宙太空探測器拍攝的照片，可以發現在日冕上這些黑暗區域長期存在，而與其他區域相比，這裡的 X 射線強度要低很多，從表觀上看就像日冕上的一些洞，我們將其稱為「冕洞」。

作為太陽磁場的開放區域，冕洞的磁力線會向宇宙擴散，而順著磁力線，大量的電漿也會散逸，形成高速運動的粒子流（就是我們前面所說的太陽風）。太陽風從冕洞噴發出去後，會向四周迅速吹散（夾帶著被裹挾在其中的太陽磁場）。因此我們可以肯定，太陽風至少可以吹遍整個太陽系。

太陽風從太陽「吹」向地球，一般只需要花費 5 ～ 6 天的時間，它一直可以「吹送」到冥王星軌道以外「日冥距離」（約合

50 個天文單位，即 50×1.49 億公里）的 4 倍處，才被星際氣體所制止。

太陽風對地球的影響

強勁的太陽風「吹」向地球時，也會對地球產生一系列的影響：

首先，它會對地球磁場產生影響。強大的太陽風能把原來條形磁鐵式的磁場破壞掉，將它壓扁而不對稱，形成一個固定的區域 —— 磁層。磁層的外形像一隻「蟬」（頭朝太陽，而「尾部」則會拖得很長）。

其次，地球上南北極上空的分子和原子，也會被太陽風所激發。這些微粒受激發後，就會發出極光，並且形態各異。巨大的衝擊還會使磁場強烈地扭曲，產生電子湍流。這種電子湍流不僅能鑽入衛星內部造成永久性破壞，還能切斷變電器及電力傳送設施，從而使地面電力系統全面崩潰。而且，太陽風還會干擾地球上空的游離層，引起磁爆，對無線電短波通訊、電視、航空和航海等事業十分不利。

同時，太陽風也會引發磁層副暴（Magnetospheric Substorm），從而在距離地球表面 3.6 萬公里的高空處產生強烈的真空放電和高壓電弧，這對於同步軌道上的衛星不啻為一場災難，甚至還會因此而殞滅。1998 年 5 月發生的一場太陽風，就令美國發射的一顆通訊衛星失靈，最後殞滅，導致美國 4,000 萬名使用者無法接收資訊。

此外，太陽風還會影響大氣臭氧層變化，並向下逐層傳遞，直到地球表面，使地球氣候發生異常變化，甚至還會進一步影響地殼，從而造成火山爆發和地震。1959 年 7 月 15 日，人們就觀測到太陽突然噴發出一股巨大的火焰，這實際就是太陽風的風源；7 月 21 日，當這股猛烈的太陽風吹襲到地球近空時，地球的自轉速度突然變慢了（約 0.85 毫秒），而這一天全球也發生多起地震。與此同時，地磁也發生了激烈擾動，也就是磁暴，環球通訊突然中斷，一些飛機、船隻，原本都是靠指南針和無線電導航，一下子全都變成了「瞎子」和「聾子」。

小知識 —— 什麼是光年

光年，指的是光在真空中行走一年的距離。光年不是時間單位，而是長度單位。一光年約為 9.46 兆公里。更正式的定義為：在一年的時間中（即 365.25 天，每天相等於 86,400 秒），在自由空間及距離任何重力場或磁場無限遠的地方，一顆光子所行走的距離。因為真空中的光速是每秒 299,792,458 公尺（準確），所以一光年就等於 9,454,254,955,488,000 公尺（按每分鐘 60 秒，一天 24 小時，一年 365 天計算）。

奇妙的太陽振盪

太陽就像一顆巨大跳動著的心臟，大約每隔 5 分鐘起伏振盪一次。太陽的上下振盪，和以前發現的太陽黑子、日珥等各種太陽運動現象都不同，它不僅具有週期性，而且整個日面無處不在振盪。

歸功「都卜勒效應」

太陽表面豐富多采的活動現象，已經令我們眼花撩亂，然而 1960 年代初，天文學一項重大發現更令我們驚訝不已。

1960 年，美國天文學家雷頓（Robert Benjamin Leighton）將最新研發的強力光譜儀對準太陽表面上一個個小區域，準備測定它沸騰表面運動的情況。結果他發現了一件令人十分驚異的現象：太陽就像一顆巨大的跳動著的心臟，一張一縮地在脈動，大約每隔 5 分鐘起伏振盪一次。這次雷頓發現的太陽上下振盪，和以前發現的太陽黑子、日珥等各種太陽運動現象都不同，它不僅具有週期性，而且整個日面無處不在振盪。

太陽距離我們十分遙遠，即使透過口徑最大的光學望遠鏡，我們也根本無法看到它表面的上下起伏。那麼，雷頓又是怎樣發現太陽表面的這種振盪呢？說起來這還要歸功於著名的「都卜勒效應」（Doppler effect），即當聲音接近我們時，接收到的頻率升高了；而當它離開我們時，我們接收到的頻率降低了。光也是一種波，自然也有「都卜勒效應」。當光波朝向或遠離觀測者時，光的頻率也要發生變化。在由紅橙黃綠藍靛紫七色光組成的太陽連續光譜上，紫色光的頻率最高，紅色光的頻率最低。這個彩色的連續光譜上面還有許多稀疏不勻、深淺不一的暗線，是太陽外層中的一些元素吸收了下面更熱氣體所發出的輻射而形成的，叫做吸收譜線。

在觀察太陽光譜的時候，如果我們一直盯住連續光譜上的一條吸收譜線，那麼當太陽表面的氣體向上運動時，也就是朝我們奔來的時候，吸收譜線就會往光譜的高端，即紫端移動，簡稱藍移；反之，當氣體向下移動時，吸收譜線就會往光譜的低端，即紅端移動，簡稱紅移。如果吸收譜線一下藍移，一下紅移，那麼太陽的表面氣體就在上下振盪。

太陽振盪的觀察證實

說起來簡單，實際觀察卻是困難重重，因為太陽離我們很遠，而且振盪的幅度和速度都不大，所以光譜線的位移量也很小，大約只有波長的百萬分之幾。可想而知，這樣微乎其微的變化，要察覺變化是有多麼不容易。雷頓使用非常精密的強力光譜儀，拍下一張張太陽光譜照片，然後利用「都卜勒效應」的原理，透過電腦反覆分析，最後才發現了太陽表面的週期振盪。

太陽的 5 分鐘振盪週期，從根本上改變了人們對太陽運動狀態的認識，全世界的天文學家對這個問題都十分重視，許多人紛紛採用不同方法觀測太陽。他們不僅證實了太陽表面 5 分鐘的振盪週期，而且接連發現了其他好幾種週期振盪。有人得到週期為 52 分鐘的太陽振盪，有人得到週期為 7 ～ 8 分鐘的太陽振盪；而最引人注意的，是蘇聯天文學家謝維內爾和法國天文學家布魯克斯等得到的週期為 160 分鐘的長週期振盪。

謝維內爾觀測小組在克里米亞天體物理臺，首先觀測到這種長週期振盪。1974 年，他們把由光電調節器和光電光譜儀組成的太陽磁象儀安裝在太陽塔的後面，利用它來觀測連接太陽極區的窄條的光線，以避開太陽赤道部分的視運動。來自太陽中心的光線發生偏振，而來自太陽邊緣的光線沒有偏振，這兩部分光線分別照在兩個光電倍增管上，這兩個光電倍增管的輸出，就表示中心光線是否相對於邊緣發生了都卜勒位移。謝維內爾小組利用這種方法，在 1974 年秋季觀測到太陽 160 分鐘的振盪週期。

1974 年秋天，布魯克斯在日中峰天文臺利用共振散射方法，測定太陽吸收譜線的都卜勒位移絕對值，十多天後，也觀測到了太陽 160 分鐘的振盪週期。

太陽 160 分鐘振盪週期被觀測到以後，許多天文學家對它表示懷疑。有人認為這種振盪可能是一種儀器效應，也可能是地球大氣週期性變化的反映。後來，美國史丹佛大學的一個天文小組，用磁象儀觀測到了太陽的 160 分鐘振盪週期；一個法國天文小組在南極進行了 128 個小時的連續觀測，同樣觀測到了 160 分鐘太陽振盪週期。南極夏季為永晝，不存在大氣的周日活動問題；另外還有兩個相距幾千公里的天文臺同時進行觀測，也都觀測到太陽的這種長週期振盪。這兩個臺相距遙遠，在長時間觀測中大氣的影響可以相互抵消了。太陽長週期振盪的現象終於得到了證實，疑問才被打消。

太陽表面振盪不停，不僅有升有落，而且有快有慢，是一幅十分蔚為壯觀的景象。

振盪產生的原因

太陽振盪是怎樣產生的？這是科學家們最關心的事情。目前，科學家們已經認識到，太陽振盪雖然發生在表面，但其根源一定是在內部，而使太陽內部產生振盪的因素可能有三個，即氣體壓力、重力和磁力，由它們造成的波動，分別是聲波、重力波和磁流體力學波，這三種波動還可以兩兩結合，甚至還可以三者合併在一起。就是這些錯綜複雜的波動，導致了太陽表面氣勢宏偉的振盪現象。

人們認為，太陽 5 分鐘振盪週期，可能是太陽對流層產生的一種聲波；而 160 分鐘的振盪週期則可能是由日心引起的重力波。但是，這些解釋究竟正確與否，目前還不能完全肯定。

聲波是一種比較簡單的壓力波，它可以透過任何介質傳播。太陽的聲波是與地球內部的地震波有些相似的連續波，它們傳播的速度和方向依賴於太陽內部的溫度、化學成分、密度和運動。像地球物理學家透過研究地震波去查明地球內部的構造模式類似，天文學家正利用他們所觀測到的太陽的振盪現象，去窺探太陽內部的奧祕。

新知博覽 —— 太陽微中子

微中子是一種非常奇特的粒子，質量很小，大約只有電子質量的幾百分之一。而早在 1930 年代初期，科學家就根據理論推測出，在原子核融合反應的過程中，不僅會釋放出龐大的能量，而且還會釋放出大量微中子。到了 1950 年代中期，科學家透過實驗證實了微中子的存在。微中子的發現引起了天文學家的注意，於是他們開始觀測和研究太陽微中子。

太陽的能量來自 4 個氫原子核，合成 1 個氦原子核融合反應。在太陽內部，時時刻刻都在進行著大規模的核反應，因此，微中子也時時刻刻從太陽內部大量地產生。微中子的穿透能力極強，任何物質都難以阻擋，不過即使從我們身上貫穿而過，我們也毫無感覺。大量的微中子從太陽內部產生以後，就浩浩蕩蕩、暢行無阻地射向四面八方。地球表面每平方公分的面積上，每秒鐘就要遭受到幾百億顆太陽微中子的轟擊。

太陽之謎

長期以來，人們只能根據觀測太陽表層來推測太陽內部的狀況，微中子卻是直接從太陽內部出來的粒子，能為我們帶來有關太陽內部狀況的寶貴資訊。因此，天文學家對太陽微中子的觀測和研究非常重視。最早開始探測太陽微中子的，是美國布魯克黑文實驗室的物理學家斯和他的同事們。他們在南達科他州地下深 1,000 多公尺的一個舊金礦裡，安放了一個特製的大鋼罐子，裡面裝著 38 萬公升四氯乙烯溶液，用它作為俘獲微中子的「陷阱」。當微中子穿過這個大罐子時，就會和罐中的四氯乙烯溶液發生反應，生成氬原子，並放出電子。用計數器測出產生了多少氬原子，就可以知道有多少微中子參與反應了。

戴維斯等人經過多年的努力，到了 1968 年，終於探測到太陽微中子。然而，出乎人們意料的是，他們所探測到的微中子數目比原先預期的要少得多，彷彿有大量的太陽微中子失蹤了。這是為什麼呢？難道太陽根本沒有產生這麼多的微中子嗎？這個問題引起了科學家的極大重視，成為著名的微中子失蹤之謎。

關於太陽微中子失蹤的原因，目前科學家認為有好幾種可能。第一種可能是目前人們對太陽內部狀態的認識有誤，很多天文學家對標準太陽模型提出了很多修改方案，但是始終還沒有哪一種修改意見能圓滿解釋這個問題；第二種可能是現有的核反應理論尚有問題；第三種可能是人們對微中子本身的認識並不全面；還有一種可能是太陽內部產生的微中子有很大一部分迅速地改變了本來的面目的，所以人們無法探測到。

什麼是太陽閃焰

我們知道，太陽的變化平均每隔 11 年左右就會有一次高峰，即黑子相對數達到極大值，這時如光斑、譜斑、閃焰、日珥等發生在太陽大氣中的其他活動，也會達到極盛時期。而閃焰則是最強烈的太陽活動，一般認為發生在色球層中，對周圍的影響也最大，所以也叫「色球爆發」。

太陽閃焰的發現

1859 年，英國科學家卡林頓和霍德遜發現，在一大群太陽黑子附近有一大片明亮閃光（呈新月形），以 100km/s 的速度掠過黑子之後很快消失。後來研究發現，這是一次白光閃焰，屬於特大閃焰。因為一般的閃焰只能透過某些譜線才能看到，而那次只要用白光就可觀測，所以稱為白光閃焰。

罕見的白光閃焰事件非常珍貴，在 1859 至 1991 年間，只報導過 60 次。白光閃焰不僅空間尺度很小（平均只一有十幾角秒），而且持續時間很短（幾分鐘），釋放的能量比普通閃焰大，而現有的理論仍不能將關於它們的觀測事實解釋清楚。

利用太陽光單色儀觀測一般的閃焰，我們將會看到：有的閃焰像猛烈的火山噴發，有的閃焰則突然冒出巨大扭曲的拱橋

狀日珥（在太陽邊緣），氣勢非常壯觀。

太陽閃焰的特點

按閃焰的光面積大小，可以將其分為 4 級，由 1 級到 4 級逐漸增強，一個 3 級閃焰的光面積相當於地球表面積的 50 倍，可以說，地球上沒有任何一種自然現象的規模能相及。

閃焰的最大特點是：來勢兇猛，亮度上升很快，而下降直至消失則比較慢。一般說來，閃焰面積越大的，壽命也越長。小閃焰只有幾分至十幾分鐘的壽命，大閃焰可持續幾十分鐘至 1 ～ 2 小時。在此期間，相當小的體積內會釋放出大量的能量，通常一個特大的閃焰所釋放的總能量，相當於 100 億顆百萬噸級氫彈爆炸的能量總和。如果把這些能量分配給地球上的人，那麼每個人可得到的能量相當於 2 顆百萬噸氫彈。可見，閃焰爆發是一場驚天動地的大爆炸，雖然它與太陽輸出的總能量相比，仍然是微不足道的。

因為閃焰是在從色球層到日冕的過渡區中大規模爆發，並能暫時加熱局部區域電漿，因此能在幾秒鐘內把數十億噸物質加速到 400 ～ 500km/s 的速度，並能帶動加速高能帶電粒子，因而還會產生從 X 射線、光學乃至無線電波段的輻射。特別是其中的紫外線、X 射線的輻射，通常比寧靜時大幾個數量級。

除此之外，太陽出現閃焰時，還會噴出大量的高能粒子流，除了主要成分質子外，還有重核離子，這令太陽的宇宙線通量也同樣提高好幾個數量級。

太陽閃焰對地球的影響

雖然閃焰是太陽最強烈的活動，但也只不過是在寧靜太陽色球層上發生的一些漣漪，這些微小的擾動基本不會對地球產生很大的影響。而地球上的生靈有大氣層，特別是臭氧層和游離層、磁層的保護。但在某些場合下，還是必須將閃焰對日地空間和地球物理造成重大的影響考慮進去。

發生閃焰時，太陽會發出許多輻射和粒子，其中只需 8 分鐘，X 光和紫外光就能抵達地球。低游離層被這些 X 射線進一步游離，電子密度增加，從而對短波、超短波的無線電訊號的吸收增強，導致下行的無線電波驟然減弱，甚至中斷，使地球上通訊系統、導航系統失靈，衛星圖像和資料無法傳到地面工作站，後果將十分嚴重。

另外，幾小時後，閃焰區的高能粒子流（主要是質子）也能到達地球。由於它有很強的穿透力，不容易被遮罩，因而會使太空飛行器艙內的人員和儀器的安全受到很大威脅。而 1 ～ 3 天後，更大量的慢速粒子流也會到達地球，並且衝擊地球磁層，若擾動程度過大，就會形成磁暴，會給航海和地球物理探礦等帶來嚴重危害。1989 年 3 月 10 日，太陽長壽命大爆發，引起了一場災難性的磁暴，它不僅破壞了加拿大魁北克省 735kV 的電網，還破壞了美國紐澤西州核工廠的變壓器。

閃焰爆發還會引起地球高層大氣狀態的變化，從而改變太空飛行器的熱層環境。這是因為，不像絕大部分的可見光那樣能到達地面，電磁輻射的高能部分幾乎都被高層大氣所吸收，能量在 100 公里以上的高空大氣中沉積，從而使得高層大氣的溫度和密度激烈變化，而太空飛行器又恰好在該區域運行。太陽宇宙線的射程短，大部分能量也會在高層大氣中積累，並在地磁場的作用下在極區聚集，擾動高緯度地區的高層大氣。因此，在進行一些如發射衛星等重要的空間活動時，最好避開閃焰爆發時期，甚至途經極地的航班也要避開。

1979 年 7 月 11 日，發生了一件令人震驚的事件：美國天空實驗室在其原來的軌道上提前 4 年墜落。後來分析認為，這是因為與預期相比，太陽活動的第 21 個高峰年提前了，所以太陽活動才會急劇增強。在吸收大量熱量後，高層大氣溫度上升，整個大氣膨脹，上升到天空實驗室的運行軌道，那裡的高層大氣密度也因此驟然增強，使天空實驗室受到的大氣運動阻力增加了六倍，軌道速度降低了，軌道高度也不斷下降。雖然採取了一系列措施如調整姿態等來延長時日，但最終還是提早 4 年墜落了。

相關連結 —— 光斑（譜斑）

太陽的光球層上，有一層斑狀組織比周圍更明亮，叫做光斑。透過天文望遠鏡觀測，我們可以發現，在光球層的表面有的明亮，有的深暗。這種斑點的明暗是因為這裡的溫度高低不同，比較深暗的斑點叫做「太陽黑子」，比較明亮的斑點叫做「光斑」。光斑很少在太陽表面的中心區露面，卻常在太陽表面的邊緣「表演」，因為太陽表面中心區的輻射來自光球層的較深氣層，邊緣的光主要屬於光球層較高部位。

光斑也是太陽上一種強烈的風暴，天文學家把它稱為「高原風暴」，不過它的性格要更加溫和。光斑只比寧靜光球層略亮一些，一般只大 10%；比寧靜光球層的溫度高 300°C。許多光斑與太陽黑子還有著緊密的聯繫，常常在太陽黑子周圍環繞「表演」。少部分光斑與太陽黑子無關，活躍區域在 70°高緯地區，面積比較小，光斑平均壽命為 15 天左右，較大的光斑壽命可達 3 個月。

光斑除了出現在光球層上，也出現在色球層上，它在色球層上的活動位置大致與在光球層上露面時吻合。不過，出現在色球層上的叫「譜斑」，而不叫「光斑」。實際上，雖然它們的位置高度不同，但光斑與譜斑是同一個整體。

太陽系中的行星

太陽系中有幾顆行星？過去許多人都會毫不猶豫地回答：9 顆；然而，太陽系有 9 顆行星的說法已經成為一個過去式了。

新的行星定義

根據國際天文聯合會 2006 年 8 月 24 日通過的新的行星定義，新的行星必須滿足兩點：一是行星必須是圍繞恆星運轉的天體；二是行星的質量必須足夠大，它自身的重力必須和表面力平衡，使其形狀呈圓球。一般來說，行星的直徑必須在 800 公里以上，質量必須在 50 億噸以上。

近年來，一些較大的天體先後在太陽系邊緣被發現，大小與冥王星相當，有的甚至比冥王星還大，這衝擊了過去傳統的行星定義。國際天文學聯合會為此專門成立了一個星定義委員會，由天文學家、作家和歷史學家共 7 人組成。經過長達兩年多的討論後，委員會終於就新的行星定義達成一致，並向國際天文學聯合會大會提交了相關決議草案。

行星家族新「候選人」檔案

1801 年 1 月，義大利天文學家在這些小行星中發現了穀神星，它接近為球體，直徑近 1,000 公里，質量相當於月球質量的 1/50 左右，是質量最大的小行星。電腦模擬研究顯示，穀神星內部分為不同層次，靠近表層是比較輕的物質，核心是稠密物質。這表明它可能包括一個富含冰水的表層，裡面是一個多岩石的核心。

1978 年 7 月，美國天文研究人員又發現了「冥衛一」，它在冥王星赤道上空約 1.9 萬公里的圓形軌道上運轉，有著與與冥王星自轉相等的運行週期。近年來觀測發現，「冥衛一」實際上與冥王星構成了雙行星系統，它們圍繞著太陽同步旋轉；另外，「冥衛一」的直徑超過 1,000 公里，質量大約是冥王星的一半，密度與冥王星相似。有專家據此推測，可能是因為遠古時一顆龐大天體與冥王星碰撞，從而使一大塊碎片從中分離出來，產生了「冥衛一」。

2003 年，在太陽系邊緣美國天文學家布朗又發現了一顆天體，並將其暫時編號為「2003UB313」；2005 年 7 月，布朗正式將這一發現公布於世，並稱該天體為齊娜（Xena）。這顆天體位於海王星公轉軌道外的古柏帶（Kuiper belt）中，專家推算它大約距離太陽 160 億公里，表面溫度約為 -248℃。哈伯太空望遠鏡的觀測顯示，齊娜的直徑比冥王星還要多 100 公里左右，可能有 2,400 公里。有專家認為，這顆天體可能還有一顆衛星。

2006 年 8 月 24 日，布拉格舉行了第 26 界國際天文聯會，在通過的第 5 號決議中將冥王星劃為矮行星，並命名為小行星

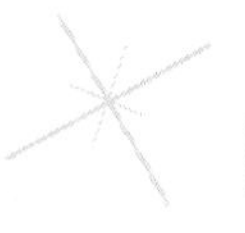

134340 號，從太陽系 9 大行星中被除名。

延伸閱讀 —— 第十大行星

1781 年，威廉・赫雪爾（Wilhelm Herschel）發現天王星後，天文學家們注意到，在繞太陽運行時，天王星總是偏離軌道，這表明其附近還有星體存在。於是在 1846 年，人們發現了海王星。

接著，天文學家又發現，海王星的運行軌道也不規則，果然在 1930 年又發現了冥王星。可是科學家們發現，冥王星沒有影響海王星和天王星的運行很多，這兩者的不規則運行可能另有他因。於是有人當時就提出了：太陽系中不僅有九大行星，很可能在距離太陽的遙遠處環有第十大行星存在。

當時人們把這「第十大行星」稱為冥外行星。人們對它進行了種種猜測，有人認為它與太陽大小相仿，在距離冥王星 80 億公里之外運行；還有人認為它的質量為太陽的 10 倍，距太陽 160 億公里。

1990 年代初，科學家又提出了兩種說法：一種認為冥外行星質量為地球的 124 倍，位於距太陽 150 億公里處；另一種則認為它在體積與質量上都與天王星類似，距離太陽 800 億公里。

目前，關於第十大行星的探索又有了新的進展，科學家們認為，第十大行星是在我們的地球軌道上，是地球的孿生兄弟，而並非遠在冥王星之外，其體積與地球差不多，位置在太陽的背面，而且有著與地球完全相同的公轉速度，即地球軌道上的同步行星，所以從地球上看，它永遠在太陽背面，人類才一直無法發現它。當然，如今應該稱其為「第九大行星」。

目前，科學家們正致力於找到地球的這個孿生兄弟 —— 如果它真的存在的話。

極光是如何形成的

在地球南北兩極附近的高空，夜間經常會出現燦爛美麗的光輝，有時像一條彩帶，有時像一團火焰，有時像一張五光十色的巨大銀幕，有時又像輕柔的窗簾……它輕盈地飄蕩，同時忽暗忽明，發出紅、藍、綠、紫的光芒，璀璨悅目——這就是極光。

極光的產生

極光是怎麼產生的呢？從前，因紐特人以為那是引導死者靈魂上天堂的火炬；13 世紀的人們認為，那光是由格陵蘭冰原反射；而到了 17 世紀，它才被稱為北極光 —— 北極曙光（南極所見到的同樣的光稱為南極光）。

隨著科技的進步，人們逐漸揭開了極光的神祕的面紗，原來，這美麗的作品是太陽與大氣層合作表演出來的。太陽創造了許多形式的能量，其中一種能量被稱為「太陽風」，是一束強大的帶電次原子粒子流，可以覆蓋地球。當太陽風在上空環繞地球流動時，會以大約每秒 400 公里的速度撞擊地球磁場。地球磁場就像一個漏斗，用尖端對著地球兩極，因此太陽發出的帶電粒子沿著地磁場沉降，進入地球的南北極。而受到太陽風的轟擊後，兩極的高層大氣就會發出光芒，形成我們見到的美麗的極光。在南極地區形成的叫南極光，在北極地區形成的叫北極光。

極光對地球的影響

我們所看到的極光，主要是帶電粒子流中的電子造成，沉降粒子的能量和數量決定了極光的顏色和強度。如果我們把極光活動比喻成磁層活動的實況電視畫面，那麼沉降粒子就是電視機的電子束，而地球大氣則是電視螢幕，地球磁場是電子束導向磁場，而且從這個天然大電視中，我們也可以得到磁層及日地空間電磁活動的大量資訊。

例如，透過極光譜分析沉降粒子束的來源、能量大小、粒子種類、地球磁尾的結構、太陽擾亂對地球的影響方式與程度，以及地球磁場與行星磁場的相互作用等等。

極光不僅美麗，還能在地球大氣層中產生能量。與發電廠所產生電容量的總和相比，這種能量常常會使無線電和雷達的訊號受到干擾。而且極光產生的強力電流還會在長途電話線集結或使微波的傳播受到影響，造成電路中的電流局部或完全「損失」，甚至嚴重干擾電力傳輸，從而使某些地區的電力供應暫時中斷。因此，如何利用極光所產生的能量為人類造福，也成為如今科學界的一項重要任務。

極光之美

極光被視為自然界中最漂亮的奇觀之一，如果我們乘著太空船，越過地球的南北極上空，從遙遠的太空向地球望去，就能見到有一個閃閃發亮的光環環繞著地球磁極，這個環就叫做極光卵。

之所以它會呈現出卵一樣的形狀，是因為它向太陽的一邊有點被壓扁，而背太陽的一邊卻稍稍被拉伸。極光卵會連續不斷的變化，時明時暗，時而向極點方向收縮，時而又向赤道方向伸展，處在午夜部分的光環顯得最寬，也最明亮。

長期觀測統計結果表明，南北磁緯度 67° 附近的兩個環帶狀區域內，是最經常出現極光的地方，分別稱作南極光區和北極光區。而在中低緯地區，尤其是近赤道區域很少出現。

人們在極區舉目瞭望夜空，常常可以見到極光，五光十色、千姿百態，毫不誇大地說，在世界上簡直找不出完全相同的兩個極光形體。從科學研究的角度，人們將極光按形態特徵分成 5 種：一是有彎扭折皺的飄帶狀極光帶；二是底邊整齊微微彎曲的圓弧狀極光孤；三是如雲朵般的片朵狀極光片；四是沿磁力線方向的射線狀極光芒；五是面紗一樣均勻的帳幔狀極光幔。

極光形體的亮度也有很大的變化，可能跟銀河星雲般剛剛好能被看見，也可能明亮到如同滿月。地面上物體的輪廓在強極光出現時都能被照見，甚至會照出物體的影子。最為動人的當然是極光運動所造成的奇妙景象，翻手為雲，覆手為雨，變化莫測，往往發生在幾秒鐘或數分鐘之內，瞬息萬變。極光的運動變化可以看作自然界的魔術大師，它以天空為舞臺上演了一出光的話劇，上下縱橫成百上千公里，甚至還存在近萬公里長的極光帶，如同沾染了仙氣一般，宏偉壯觀，頗具神祕色彩。

極光的色彩更是令人歎為觀止，雖然它的本色不外乎紅、綠、紫、藍、白、黃，可大自然不愧為一位超級畫家，它將深淺濃淡、隱顯明暗，用出神入化的手法一搭配、一組合，一下子就將其變成了萬花筒。極光這般多姿多彩，變化萬千，又是在遼闊無垠的穹隆中、漆黑寂靜的寒夜裡和荒無人煙的極區，面對五彩繽紛的極光圖形，又怎能不令人心醉神往呢？

相關連結 —— 木星上的極光

南歐洲天文臺發表了木星上極光的照片和兩極上空的煙霧，這是第一次清楚拍攝到木星兩極的情況。

木星離地球約6.1億公里，利用NASA的哈伯太空望遠鏡，過去科學家曾經拍攝到木星極光的照片；不過使用南歐洲天文臺的紅外線望遠鏡，科學家可以更清晰地觀察到木星北極上空的煙霧和極光。

科學家指出，極光環繞木星的磁軸，而這些煙霧是在極光環之下環繞著木星的旋轉軸；煙霧受到的影響來自木星上的地帶風，這些地帶風是在同一緯度上移動。科學家相信，木星以10小時一次的迅速自轉，也會使兩極上空煙霧的移動受到影響。

日食是怎麼回事

古代東方認為，日食是因為天上的龍吞掉了太陽，西方國家也認為這是不祥之兆，對此，古人有許多「對策」：打鼓、朝天空射箭、拿物或人祭祀等。然而實際上，日食就是當月球轉到太陽和地球中間時，太陽、月球、地球三者正好排成一條直線，地球的太陽光被月球擋住了，而月球身後的黑影正好落到地球上。

什麼是日食

日食發生時，地球上的人們會看到陽光逐漸減弱，圓形黑影遮住了太陽面，天色轉暗。當全部遮住時，天空中就可以看到最亮的恆星和行星；幾分鐘後，太陽逐漸從月球黑影邊緣露出，開始生光、復圓。由於月球比地球小，因此人們只有在月影中，才能看到日食。當太陽被月球全部擋住時，發生的就是日全食；只被遮住一部分時，發生的就是日偏食；而如果太陽中央的部分被遮住了，就會發生是日環食。

一般來說，發生日全食的時間不超過 7 分 31 秒，日環食的最長時間是 12 分 24 秒。為了延遲觀測日全食的時間，法國的一位天文學家約翰・貝克曼（John Beckman）乘坐超音速飛機追趕月亮的影子，使觀測時間延長到了 74 分鐘。

科學界對日食的解釋

日食、月食都印證了光在天體中是沿直線傳播的。研究發現，發生日食需要滿足兩個條件：一是日食總是發生在朔日（農曆初一）。不過因為月球運行的軌道（白道）和太陽運行的軌道（黃道）並不在一個平面上，白道平面和黃道平面有 5° 9′的夾角，所以不是所有朔日必定發生日食。這就引出了第二個條件：在朔日，太陽和月球都移到白道和黃道的交點附近，太陽離交點處要有一定的角度（日食限），此時就會發生日食。

由於日、月與地球之間的距離時近時遠，月球、地球運行的軌道都不是正圓，因此在地球上，太陽光被月球遮蔽形成的影子可分成本影、偽本影（月球距地球較遠時形成的）和半影。而如果要看到日全食，觀測者需要處於本影範圍內；處於偽本影範圍內，看到的是日環食；而在半影範圍內，就只能看到日偏食了。

但是，日偏食、日全食或日環食的時間都很短，而且在地球上能看到日食也只是很有限的地區，因為月球比較小，它的本影也比較小而短，因而本影在地球上掃過的範圍不廣，時間不長。而由於月球本影的平均長度（373,293 公里）比月球與地球之間的平均距離（384,400 公里）要短，日環食發生的次數就整個地球而言要多於日全食。

小知識 —— 日食的食象

根據月球圓面同太陽圓面的位置關係，日全食可以分成 5 種食象：

一是初虧。此時月球比太陽的視運動要走得快，會追上太陽。月球東邊緣剛剛同太陽西邊緣相「接觸」時，就叫做初虧，是第一次「外切」，是日食的開始。

二是食既。初虧後大約一小時，月球的東邊緣這時和太陽的東邊緣相內切，叫做食既，是日全食的開始，這時月球把整個太陽都遮住了。

三是食甚。是太陽被食最深的時刻，月球中心移到了與太陽中心最近的位置。

四是生光。這時月球西邊緣和太陽西邊緣相內切，是日全食的結束；從食既到生光最長不超過 7.5 分鐘，一般只有 2 ～ 3 分鐘。

五是復圓。發生在生光後大約 1 小時，這時月球西邊緣和太陽東邊緣相接觸，從此月球完全「脫離」太陽，日食結束。

小知識 —— 如何估算日食時間

太陽和月亮的視角度大約都是半度，而月球公轉一周是 360°，就是每個小時移動一個月球的位置，即半度，所以從開始到結束日食最多 2 個小時的時間，即移動 2 個月球的位置，如果不是全食則時間更短。

另外，因為地球在自轉，太陽在空中的位置每小時移動 15°，換句話說，在 30° 的範圍內，太陽帶著月球同時移動，並同時發生日食現象。

日珥、日冕與日浪

日珥、日冕與日浪都是太陽的相關現象。太陽周圍在日全食時會鑲著一個紅色的環圈，上面跳動著鮮紅的火舌，叫做日珥；而黑暗的太陽周邊包裹的一層銀白色的光芒，像扣在太陽上的帽子，叫做日冕；而日浪則是太陽光球層物質的一種拋射現象。

下面我們分別認識一下日珥、日冕和日浪。

日珥

通常日珥發生在太陽色球層，就像是太陽面的「耳環」。日珥出現時，大氣層的色球酷似燃燒著的草原，如烈火升騰的玫瑰紅色的舌狀氣體，形狀千姿百態，有的如拱橋，有的像浮雲，有的如噴泉，整體看來就如同在太陽邊緣的耳環，由此得名為「日珥」。

日珥的運動很複雜，例如，在日珥不斷地向上拋射或落下時，若干個節點往往有著一致的運動軌跡；當日珥離開太陽運動時，速度會持續增加，而且是突發式的，兩次加速之間的速度保持不變；亮度在日珥節點突然加速時也會增加。

對於這些現象，目前科學家還難以提出滿意的解釋，主要是因為日珥的密度比日冕大很多，但寧靜日珥既不墜落也不瓦解，可長期存在於日冕中，它是靠什麼力量支撐和維持著的呢？一般認為，電磁力在日珥運動中除重力和氣體壓力外的一個重要因素。日珥運動狀態的突變可能與磁場的變化有關。

日珥可能出現在太陽南、北兩半球不同緯度處，但在每一半球有兩個緯度區域最為集中，而以低緯度區為主。與黑子的分布相似，低緯區的日珥的分布按 11 年太陽活動周不斷漂移。日珥在活動周開始時在 30°～ 40°範圍內發生，然後向赤道逐漸轉移，在活動周結束時所處的緯度平均約為 17°。這比起太陽黑子區域來，平均緯度始終高 10°左右。至於高緯度區，日珥大約

出現在黑子極大期過去 3 年後，一直到黑子極小期。高緯度區的日珥都在 45°～ 50°範圍內，並不漂移。上述兩個區域的分界約在緯度 40°處。

日珥這種太陽活動現象非常奇特，溫度在 5,000 ～ 8,000K 之間，升到一定高度後，大多數日珥物質會慢慢地降落到日面上，但也有些日珥物質會在溫度高達 2,000,000K 的日冕低層漂浮，既不附落也不瓦解，就像煉鋼爐內爐火熊熊，卻有一塊不化的冰，而且，在物質的密度上，日珥比日冕高出 1,000 ～ 10,000 倍，兩者居然能共存幾個月，確實令人感到費解。

日冕

作為太陽最周邊的大氣，日冕的範圍很大，用日冕儀只能觀測到內冕，也就是接近太陽表面的那部分。它的邊界離太陽表面約有 2,000,000 公里。外冕是指在此以外的日冕，它向外延伸到地球軌道之外。

日冕內的物質非常稀薄，內冕密度雖然稍微大些，但也比地球大氣的十億分之一要低，幾乎接近真空。日冕有時呈圓形，有時呈扁圓形，形狀很不規則，結構也很精細，在太陽赤道四周，很多向外流動的「冕流」伸向遠處，在太陽極區，則有一些纖細「極羽」呈羽毛狀。

日冕還會產生其他一些奇特的譜線，但這並不代表日冕中還存在什麼未知的元素；反之，這些譜線說明，日冕中所含元素的原子中都有不同數量的電子，而某些電子在高溫條件下將擺脫原子的束縛。1942 年，瑞典物理學家班傑特．愛德蘭(Bengt Edlén) 提出了一個看法，認為日冕中的某些特殊譜線是鐵、碳和鎳原子在失去電子的情況下產生的。

雖然日冕的溫度可以達百萬數量級，但這種超高溫僅集中在日冕的個別原子中，且在整個日冕中廣泛分布。

日浪

日浪通常發生在太陽黑子的上空，時常重複出現，就像衝浪時，沿上升的路徑下落後，又會引發新的浪一波又起，如此反覆。但是，日浪的規模和高度會逐漸變小，直至消失。位於日面邊緣的浪，表現為一個小丘，小而明亮，頂部向外急速成長（以尖釘形狀）。上升的高度各不相等，日浪從區區幾百公里到 5,000 公里不等，最大的甚至可達 10,000 ～ 20,000 公里。抛射的最大速度可達 100 ～ 200km/s，比最快的偵察機還要快 100 多倍。受太陽引力的影響，當它們到達最高點後會開始下降，直至返回到太陽表面。從高解析度的觀測資料中人們發現，日浪是由非常小的一束纖維組成，每條纖維間相距很小，作為整體一起發亮，一起運動。

新知博覽 —— 磁暴引起極光

磁暴往往會產生極光，那麼為什麼極光只出現在地球兩極附近？

這是因為：偶極型的地磁場磁力線會在地球兩極出沒，帶電粒子從太陽飛來後，因受地磁影響，只能沿著彎曲的磁力線螺旋式運動到地球南、北兩極附近的高空。以往人們曾把整個過程簡化了，認為帶電粒子直接撞擊地球兩極上空的大氣分子、原子，而引發極光，實際上，帶電高能粒子進入地球磁層後，會產生兩個環形電流，分別圍繞地球南、北磁極，電壓為 4～5 萬伏特，電流強度可達幾千萬安培。這種電流能激發大氣中的分子、原子，而當它們退激時，就會發出極光。

大部分極光呈綠色或青綠色，淡紅色的斑點或條紋夾雜其中，構成了變幻莫測的奇景，勝似仙境。然而，由於地磁兩極的緩慢移動，所以隨著地磁極的漂移，能看到極光的地區——極光圈也在變遷，例如：古代中國北方曾一度靠近極光圈，古人遂將極光稱為「天劍」。

太陽上正在發生的變化

我們每天看到的太陽正處於中年期，大約 45 億歲，處於相當穩定的時期。科學家推測：約 40 億年後，太陽將燃燒殆盡，先變成一顆白矮星，再後就變成一顆紅矮星，漸漸失去光輝。

在白矮星時期，太陽會形成一個大星雲，其範圍將超過太陽上百倍，且由於形成星雲的情況不同，我們就可以看到各式各樣美麗的星雲，這也是宇宙中最壯麗的景象。

當然，這些還只是推測，那麼太陽現在都發生著哪些變化呢？

太陽質量在減少

部分科學家認為，太陽每秒鐘需要消耗掉 420 萬噸的自身質量。如果按此速度計算，太陽的質量在 600 萬年後將減少 1/4。

太陽在變小，自轉在加快

透過定期觀測，天文學家發現：比起現在的太陽，1663 年所記載的太陽轉動速度更慢。同時他們還計算出，太陽的直徑從 1666 年到 1683 年間增加了將近 2,000 公里，並有規律地縮小，最後漸漸接近目前的樣子。

太陽直徑在變化

1981 年，美國天文學學術報告會提出：太陽直徑在最近 100 年內縮小了近 1,000 公里；1988 年，法國科學家首次測得太陽直徑的變化，他們的研究表明，太陽的直徑存在著長達一年或半年伸縮期，其範圍從幾十公里到幾百公里不等。研究發現，太陽直徑的變化很可能對地球氣候產生很大的影響。

太陽溫度在降低

經觀測發現，太陽的輻射強度自 1978 年以來，每年下降約 0.016%。科學家們設想，太陽如果這樣繼續變冷，一個「小冰河期」可能會在地球上再次出現。

太陽亮度在減弱

美國和瑞士的天文學家發現，太陽的亮度從 1978 年起已開始逐漸減弱。科學家們認為，這是因為太陽黑子數量發生了變化。如果這種現象持續若干年，將會明顯地影響地球上的氣候。

延伸閱讀 —— 太陽的一生

我們可以用一天 24 小時來比喻太陽的一生：

假設太陽於早上 6 點鐘誕生，傍晚 6 點鐘死亡，那麼地球就是在早晨 7 點誕生，在上午 10 點有了生命；10 點 20 分，恐龍誕生；10 點 36 分，人類誕生。以太陽的年齡計算，現在我們才活了不到 1 秒鐘。而當晚上 21 點 30 分左右，太陽將會用盡氫燃料，溫度更高的氦會取而代之。此時太陽內部增加的壓力將會向外推擠，此時太陽急劇膨脹，成為紅超巨星。從水星開始，水星、金星、地球、火星將逐一被太陽吞沒。但隨著太陽體積的增加，內部的空缺使引力變小，即使地球可以逃脫烈火末日，其表面也已經是一片狼藉了。由於太陽質量不夠大，爆發後無法成為超新星，最後太陽只能萎縮成只有地球般大小的白矮星。

太陽是否還有未來

地球上一切活動的能量幾乎都源自太陽，如果沒有太陽，黑暗嚴寒就會吞噬整個地球。燦爛的太陽也激發了人類豐富的想像力，許多古代帝王都將太陽看作至高無上、君臨天下的象徵。

太陽在宇宙中的位置

在浩瀚的宇宙恆星中，太陽距離地球最近，日地距離約為 1.5 億公里。太陽的直徑地球直徑的 109 倍，約為 139.2 萬公里；太陽質量比地球大 33 萬倍，體積為地球的 130 萬倍。

太陽主要由氫、氦等物質構成（其中氫占 73.5%，氦占 25%）；其他如碳、氮、氧等成分只占太陽物質構成的 1.5%。太陽核心的溫度高達 15,000,000 ～ 20,000,000K，每秒鐘就會有 6 億多噸的氫核融合為氦。在這個過程中，每 4 顆氫原子會核融合為 1 顆氦原子核，即每產生 1 個氦原子，太陽就向外輻射 4 顆氫原子的能量。

地球上的活動幾乎都離不開太陽，如煤、石油等礦藏的形成，植物的光合作用，大氣循環、海水蒸發、雲雨生成等等。十億年來，地球的溫度變化範圍很小，這說明太陽活動基本上很穩定，為生命的孕育、演化提供了極好的條件。

太陽上的氫核融合反應已進行了幾十億年，有人擔心太陽總有一天會耗盡能量。的確，太陽的能量並非無窮無盡，如果氫不斷減少、氦不斷產生，那麼未來的太陽會變成什麼樣子呢？

太陽未來的演變

英國天文學家愛丁頓發現：為抗衡萬有引力，質量越大的恆星體，產生的熱量也越多，星體膨脹速度越快，而它的主星序時期也就越短。

就太陽來說，和眾多恆星一樣正處於主星序階段。根據計算，在主星序階段太陽可停留 100 億年左右，而目前它處於主星序階段已 46 億年了。質量比太陽大 15 倍的恆星只能停留 1,000 萬年，而質量為太陽質量 1/5 的恆星則能存在 1 兆年。

當一顆恆星步入老年（即度過它的主序星階段）時，就會首先變成一顆紅巨星。之所以為「巨」，是因為在這一階段，恆星體積將膨脹到原來的 10 億多倍；之所以為「紅」，是因為恆星的迅速膨脹，使外表面離中心越來越遠，從而也使溫度降低，發出的光也越來越偏紅。儘管溫度降低，但紅巨星的光度卻變得很大，看上去極為明亮。目前人類肉眼能看到的亮星中，有許多都是紅巨星。

在主序星衰變成紅巨星的過程中，恆星的內核也會發生巨大的變化：從氫核變成了氦核，即每 4 顆氫原子核結合成 1 顆氦原子核，恆星在這個過程中會釋放大量核能，並形成輻射壓，輻射壓與恆星自身收縮的引力相平衡。而當恆星中心區的氫消耗完，形成氦核（由氦構成）之後，在中心區的氫核融合就無法繼續進行了。此時，沒有輻射壓來平衡引力重壓，星體中心區就會被壓縮，溫度也急劇上升。

當恆星中心的氦核升溫，緊貼它的那層氫氦混合氣體也相應受熱，在達到一定溫度後便重新開始核融合，於是氦核逐漸增大，隨之氫燃燒層也向外擴大。氫燃燒層轉化中產生的能量可能比主序星時期還要多，但因為外層膨脹後受到的內聚引力減小，星體表面溫度會下降，但即使溫度降低，膨脹壓力仍可超過、或抗衡引力，此時星體半徑和表面積增加的程度超過產能率的成長速度，因此總光度雖然成長，表面溫度卻會下降。

在氦核外重新引發氫核融合時，質量比太陽大 4 倍的大恆星核，外放出的能量不會明顯增加，而半徑卻增加了好幾倍，因此恆星成為紅超巨星，表面溫度由幾萬 K 降到三四千 K；而進入紅巨星階段時，質量比太陽小 4 倍的中小恆星表面溫度下降，光度也急劇增加，這是因為它們的外層膨脹消耗的能量較少，而產能量較多。

一旦紅巨星形成，就會向下一階段 ——「白矮星」前進。

當外部區域迅速膨脹時，受反作用力，氦核將強烈向內收縮，被壓縮的物質溫度不斷升高，最終內核溫度將越過攝氏一億度，從而點燃氦核融合。氦核經過幾百萬年也燃燒殆盡，而恆星外殼的混合物仍是以氫為主。如此，恆星結構比以前複雜了：氫混合物外殼下面有一個氦層，氦層內部還埋有一個碳球。如此，恆星體（紅巨星階段）的核反應過程將會變得更加複雜，中心附近的溫度繼續上升，最終使碳轉變為其他元素。

與此同時，紅巨星外部也開始發生不穩定的脈動振盪：恆星半徑時大時小，主星序恆星將不再穩定，變成巨大的火球，火球內部的核反應也會忽強忽弱，越來越不穩定。此時，恆星內部核心的密度已增加到 10t/cm^3 左右。可以說，在紅巨星內部已經誕生了一顆白矮星。

太陽的未來命運

2004 年 9 月，在曼徹斯特舉行的國際天文學聯合大會上，英國曼徹斯特大學和美國國家無線電天文臺的科學家宣布，他們使用無線電望遠鏡拍到的圖像，顯示了 1,000 光年外的一顆恆星向外噴發氣體，這是科學家所拍到最精細的太陽系外恆星活動圖像之一。研究這批圖像，將使我們更深入恆星接近死亡時的演化過程，從而預測太陽的未來。

科學家觀測的這顆恆星名位於鹿豹座（TCAM），是一顆年老的變星，其亮度以 88 個星期為週期規律變化。每兩週科學家們就會觀測 TCAM 一次，一直持續了 88 週（即該恆星的一個光變週期），結果獲得的圖像，比哈伯太空望遠鏡所能拍到的同類圖像還要精細 500 倍。從圖像中可以看出，恆星表面附近的氣體在進行複雜的運動，但現有理論尚不能完全解釋。

一些科學家認為，幾十億年後，太陽會迅速膨脹，「吞噬」掉包括地球在內的太陽系內行星。屆時，太陽會劇烈地脈動，成為一顆變星（像 TCAM 一樣）。大量物質在脈動過程中，將被拋入星際，太陽會損失掉大部分質量，剩餘部分將塌縮成一顆白矮星。

還有一些科學家認為，雖然目前還不是太清楚恆星的演化過程，但基本上可以肯定：太陽在大約 50 億年後會成為一顆紅巨星。那時地球上將不復存在任何生命，而屆時地面溫度將比現在高兩到三倍，北溫帶夏季最高溫度會接近 100℃，海洋也將蒸發為荒漠。預計太陽在紅巨星階段大約會持續 10 億年，不僅光度將升高到今天的好幾十倍，體積也將比現在更加龐大，如果從地面角度觀察，就會發現它已經布滿了整個天空！

新知博覽 —— 特殊的天體白矮星

作為一種特殊的天體，白矮星體積小、亮度低、質量大、密度高。天狼星伴星是最早發現的白矮星，其體積比地球大不了多少，但卻有著和太陽差不多的質量。也就是說，它的密度為每立方公尺 1,000 萬噸左右。根據白矮星的半徑和質量，我們可以算出，它的表面重力等於地球表面重力的一千萬至十億倍。任何物體在這樣的高壓下都將不復存在，連原子都會被壓碎；電子也將脫離原子軌域，從而變成自由電子。

那麼白矮星為什麼有這樣大的密度呢？電子在白矮星巨大的重力之下，將擺脫原子核，成為自由電子。原子核之間的空隙就會被自由電子氣體盡可能地占據，從而在單位體積內所包含的物質大大增加，密度也大大提高。形象地說，此時原子核是「沉浸」在電子的海洋裡的，破壞了原先的「秩序」和「距離」，這種狀態叫做「簡併態」(degeneratestate)。簡併電子氣體壓力與白矮星強大的重力平衡，一定時間內會維持著白矮星的穩定；可是如果白矮星質量繼續增加，由於抵抗不住重力，簡併電子氣體壓力就有可能收縮，白矮星就會塌縮成中子星或黑洞，變成密度更高的天體。

單星系統缺乏能量核融合，在發出光熱的同時，白矮星也會以同樣的速度冷卻。年老的白矮星經過 100 億年的漫長歲月，將漸漸停止輻射死去。而它的軀體將會變成一個巨大晶體——黑矮星，比鑽石還硬，並在宇宙空間孤獨飄蕩。

但白矮星的演化也有可能改變，並沒有以上所說的這麼簡單，這就需要科學家們更深入細緻地研究。

月球探祕

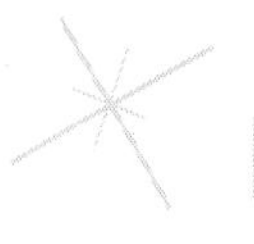

月球的起源

在科學的概念裡，月球是地球唯一的天然衛星，圍繞著地球奔騰不息地迴旋。40 多億年來，它從未離開過地球的身旁，是地球最忠實的伴侶和最富有神話色彩的近鄰。

然而，這位地球最忠實的伴侶是什麼時間產生的？又是如何演化的？這一直是科學家們苦苦探尋的問題。雖然 1960 年代美國「阿波羅」太空船登上了月球，但關於月球仍是謎團重重，其中最大的謎就是月球的起源。

圍繞人類的宇宙謎團

一百多年來，有關月球起源與演化的假說曾有很多種，至今仍眾說紛紜。

這些月球成因學說爭論的焦點在於：月球是到底是與地球一樣在太陽星雲中透過凝聚、吸積星雲物質而獨立形成，還是由地球分裂出來的一部分物質所形成的？月球是在後期的演化中被地球俘獲而成為地球衛星的，還形成時就是地球的衛星？

不論任何有關月球的起源的假說，都必須符合以下的基本事實：月球是地球唯一的衛星；月球圍繞地月系統的質量中心公轉；月球有著與地球的赤道面不一致的公轉平面；月球的平均密度為 $3.34g/m^3$，只有地球平均密度的 60%，質量約為地球的 1/81；月球與地球的平均成分差異很大，卻比地球有著更多的難熔元素，揮發性元素和親鐵元素匱乏；月球比地球還原性強，比地球缺水；月球表面岩石的年齡一般都超過 31 億年，表明月球的演化主要是在其形成後的 15 億年內進行；月球內部也有核、幔、殼的圈層結構；月球現今仍是一個內能接近枯竭、活動近於僵死的天體。

同源說

鑒於月球是一顆頗有特色的天然衛星，有人認為它可能有著特殊的起源，如同源說認為：就像行星是原始太陽星雲收縮演化形成的，行星在收縮時形成了衛星，衛星是行星形成過程在小規模上的重複。

不過，科學家認為這種看法是片面的，因為雖然衛星系與行星系有著相似的形成特點，但絕不是行星形成的重演。一個有力的佐證就是：木星、土星周圍都存在不規則衛星；其次，既然月球和地球有相同的起源，那為什麼地球的平均密度是 $5.52g/cm^3$，而月球僅為 $3.34g/cm^3$？

在解釋為何月球有一個與地核相比特別小的金屬核時，同源說也總是遇到麻煩。為了克服這些困難，同源說又認為月球比地球的形成時間稍晚，原始地球形成時，已把含鐵等金屬元素較多的塵粒聚集起來，月球則是以殘餘含金屬較少的塵粒聚集而成，但這種解釋似乎也是證據不足。

分裂說

因為月球平均密度與地球表層地幔的平均密度相當，聯繫到太平洋存在巨大凹陷的事實，有人提出了「分裂說」：月球是在地球處在熔融狀態時分裂出去的。

持這種學說的人認為，早期地球自轉很快，約每四小時就自轉一圈；與此同時，由於太陽對地球的潮汐作用有著當時與地球擺動相等的週期，遂引發共振。於是地球的赤道部分隆起，直到最終有一小塊被拋出，最後演化成月球。

可是若真如此，那麼月球應當就在地球的赤道面圍繞地球公轉，但月球的公轉平面（白道面）與地球赤道面之間卻有夾角28°35′；且根據計算表明，地月系統的全部角動量也不足以使地球分裂，地球必須在2.5小時內自轉一周，才能利用離心力拋出物質，形成月球。即使把直徑大到幾百公里的星子撞擊之類的，將一切能補充角動量的事件包括在內，也無濟於事。

由此可見，分裂說也難以成立。

俘獲說

持這個假說的人認為，很久以前，地球偶然俘獲了一個在其軌道附近的小行星，或在火星區域的天體，就成為今天的月球。不過剛被地球俘獲時，月球是繞地球逆行，又由於地球長期的潮汐摩擦作用，月球才逐漸接近地球。在此期間，月球一個個吞下地球原來的幾個小衛星形成月瘤；或與小衛星碰撞，形成月面上的大凹地。長期的潮汐摩擦作用最終使月球從逆行變成順行，最後逐漸遠離地球。

顯然，俘獲說可以對月球在密度、化學組成上與地球的差別做出比較科學的解釋。但是，地球不太可能捕捉這麼大的天體，就算捕捉到了，也會引起地球上潮汐力的巨大變化，而這必定會在地球上留下痕跡，但這類痕跡至今沒有找到。而透過對月球樣品的分析，科學家認為，月球和地球具有近似的各種氧同位素，說明兩者很可能同根。如果月球在太陽系內的別處形成，那就很有可能與地球擁有不同的氧同位素，這等於也質疑了俘虜說。

大碰撞假說

同源說、分裂說和俘虜說均有缺陷，而到了 1975 年，哈特曼（William Kenneth Hartmann）等人首先提出大碰撞假說。

這個假說認為：有一顆質量約為地球質量 1/7 的外來星體，在距今大約 45 億年前與當時的地球發生極其猛烈的碰撞，原地球與星體都被撞碎了一部分，並汽化濺出。外來星體的大塊與原地球重新組合，成為一個新的地球。而由於受到地球引力的作用，那些飛到外部空間的濺射體速度越來越慢，最後聚集到一起繞地轉動，月球就此形成。而由於月球主要是由少部分地幔物質與飛來星體的幔所組成，所以平均密度較低，與地球上部地幔的平均密度相近。

按照該假說，月球公轉不一定遵循與地球赤道面重合的的軌道。大碰撞時產生約 7,000℃的高溫，易揮發的元素會因此而逃逸到宇宙，留下較多的難熔的元素，因此月球缺少鈉、鉀、鉛、鉍等揮發性元素，而富含鈣、鋁、鈦、鐵、鈾等元素。後來，透過分析「阿波羅號」登月帶回的岩石樣品，科學家測得月球平均元素的組成，與地殼基本相符。

根據大碰撞理論的模擬計算，科學家重現了兩星體從碰撞到分離，然後各自聚合的全過程，並適當調整外來星體的質量，得到的結果也與實際較為符合。不過，這並不能證明大碰撞的觀點就一定是正確的，具體證據還需要科學家進一步研究。

相關連結——月球上的「海洋」和「陸地」

夜晚仰望明月，可以發現月亮上有的地方明亮，有的地方黯淡，而因為古人無法解釋這種現象，就把月亮想像成廣寒宮，上面居住著嫦娥；17 世紀初，義大利科學家伽利略用自製的望遠鏡，首次發現月亮上是坑坑窪窪、凹凸不平。伽利略認為，那些凸起的明亮部分是高山和陸地，稱為「月陸」；而那些凹下去的暗淺部分是海洋，稱為「月海」。

隨著天文以及太空探測技術的發展，人們又進一步發現：

月亮上明亮的部分確實是高地、山峰和撞擊坑等，但黯淡的部分卻並非是海洋，而是些低窪而廣闊的大平原。儘管如此，「月海」這個並不確切的名稱，仍沿用至今。

目前，已正式命名了二十二處月海，其中絕大多數位於月球正對地球的一面，其中最大的月海面積超過五百萬平方公里，稱為風暴洋；其次是雨海，面積在八十萬平方公里以上。由於一般月海都比月陸低兩千到三千公尺（最深的地方要低六千公尺），再加上月陸部分的主要構成是淺色岩石，月海則主要是暗色的熔岩物質，所以月陸的太陽光反射率比月海高，看上去也較明亮。

月球上怎麼會有神奇的輝光

科學研究發現，古人總是寄託無限哀思的美麗月亮上，卻是個千古不毛之地，多少年來表面都死氣沉沉，幾乎沒有什麼變化。一位英國天文學家曾詼諧地打趣道：「如果我們帶著望遠鏡回到恐龍時代，便會發現那時的月球與今天所見的完全一樣。」

但是實際上，月球並沒有徹底死寂，它還是有許多神祕的局部活動現象，這些現象稱為月球瞬變現象，比如月面上會出現某種奇異的輝光、散發一些神祕的雲霧，局部地區暫時的變暗、變色，甚至有些撞擊坑突然消失或莫名其妙變大……

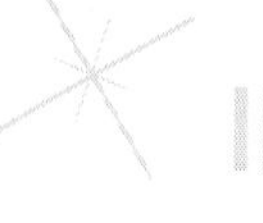

月球瞬變現象

這種月球瞬變的現象最早可以追溯到 800 多年前。1178 年 6 月 25 日，這是個蛾眉月之夜，英國同時有五處不同地點的人，在月鉤尖角上發現了一種奇異的閃光。然而遺憾的是，當時這些目擊者的報告並沒有引起人們的重視。

威廉·赫雪爾是天王星的發現者，他在 1783 年用口徑 22 公分的望遠鏡觀測月球時，發現月球的陰暗部分也有一處地方在發光，大小和一顆四等紅色暗星差不多。1787 年，他對這種現象又進行了一次觀測，並形容它為「好像是燃燒著的木炭，還薄薄地蒙上了一層熱灰」。

1866 年 10 年 16 日，曾提出 30,000 多撞擊坑的德國天文學家約翰·施密特 (Johann Friedrich Julius Schmidt) 宣稱，原來在澄海中一個他十分熟悉的直徑 9.6 公里的林奈撞擊坑，忽然不翼而飛；1868 年，有人發現一個原來只有 500 公尺大的小撞擊坑直徑，已擴大到了 3,000 公尺。

這種觀測報告在 20 世紀持續出現：1949 年，英國天文學家莫爾，也連續見到兩次月面上發出的輝光；1958 年 11 月 3 日和 4 日，在用口徑 76 公分的大望遠鏡觀測時，蘇聯普耳科沃天文臺的科茲洛夫見到了阿方索撞擊坑的中央峰上有粉紅色的噴發，並持續了大約 30 分鐘，他拍下了這次噴發的光譜照片，這也是第一個月球瞬變現象的科學依據；1963 年，洛厄爾天文臺也在同一月面發現了紅色的亮斑……

太空探測時代的登月太空人也有類似的發現。在 1969 年 7 月 20 日即登月前夕，阿姆斯壯曾向地面指揮中心報告：「我正從北面俯視著阿里斯塔克斯（撞擊坑），那裡有個地方顯然比周圍區域明亮得多，彷彿正在發出一種淡淡的螢光。」

據統計，月球瞬變現象主要集中在阿爾芬斯及阿里斯塔克斯兩個撞擊坑區域，大約每處有 300 ～ 400 起；其次是在月面窪地邊緣。這些輝光壽命有長有短，亮暗不一，涉及的範圍大約有幾萬公尺。

月球上輝光的成因

根據多出報告，人們幾乎已不再爭議月球瞬變現象的存在了，但引發的原因卻至今都令科學家迷惑不解，人們也對此提出過各種假設。

有人認為，月面上可能還存在活火山，這一切是由它們的活動造成的；也有人認為，這是一種螢光，是由太陽風與月球運動造成的；還有人認為，這是某種摩擦放電形成的電火花；也有些天文學家認為，這是地球對月球的潮汐作用引起的，因為地球對月球的引力，要比月球對地球的引力大 80 多倍；甚至也有人提出了「月球人」的說法……

事實上，月面上的各種現象可能是由不同的原因引起，比如隕石的轟擊，可能是撞擊坑變化的原因。「阿波羅 14 號」太空人在登月時，曾記錄了一次月球瞬變現象：一顆大隕石在 1972 年 5 月 13 日轟然落在儀器附近不遠的月面上，猛烈撞擊月面，使月岩四處飛濺。因為月面重力較小，整個飛濺過程用了大約 1 分鐘。這件事情發生後，一個直徑幾十公尺的坑洞在隕石隕落處出現了。

據估計，其能量與爆炸 1,000 噸 TNT 炸藥相當。可以設想，假如隕石較大，造成或毀滅一個較大的撞擊坑是完全可以的。地球對月球的潮汐力會造成輝光現象，它使月面上某些區域的引力突然增加，氣體從月殼內部逸散出來，揚起的月塵在陽光的映射下，就成為我們見到的神奇輝光了。

點擊謎團——月球上是否有空氣和水

在 1969 年 7 月 21 日，太空人乘「阿波羅 11 號」太空船，第一次登上了神祕的月球，實現了人類的登月夢想。在 1969 ～ 1972 年中，先後又有 10 名太空人探索了月球表面，從此月球神祕的面紗被揭開了。太空人拍攝了 1.5 萬張月球表面照片，帶回了 380 公斤的月岩及月壤的樣品。透過探索發現，月球上面是一個寂靜荒蕪的世界，沒有水和空氣，白天酷熱，夜晚奇冷，沒有花草樹木，更沒有飛禽走獸。由於月球上沒有空氣，聲音沒有傳播的媒介，因此太空人只能利用無線電波通話。

讓人興奮的是，在 1998 年初對月球進行進一步探測時，美國「月球探勘者號」太空船發現，在月球的南北極貯藏著大量的水冰，它們存在於終年照不到陽光的環形坑土壤中。初步估計，這些水冰也許多達 100 億噸。水冰可以為未來的月球居民提供必要的水源，並且水可以分解成氫氣和氧氣，由此看來，在月球上生活並不完全是幻想了。

月球體內的「腫瘤」

在人類對月球的一系列探索中，發現了一個奇怪的現象：月球的體內存在著一些不尋常的物質瘤，而且不止一個。月球難道也會生病？怎麼會長瘤呢？這些瘤的本質是什麼呢？像醫生透過儀器給人看病體檢，病人體內會有變異的腫塊一樣，科學家診斷後確定，月球體內的確有「腫瘤」。

不過，月球體內的「腫瘤」可不是科學家用什麼儀器為月球檢查時發現的，而是根據月球對繞地運動人造天體的引力變化推斷出來的。1966 年至 1967 年，美國先後發射了 5 艘「月球軌道環行器」太空船。這些太空船在航行到月球後，成為環繞月球運動的人造月球衛星，從而幫助人類近距離全面考察月球。

月球質量瘤

「環行器」太空船在環繞月球運動的過程中，有時會莫名其妙地出現抖動和傾斜現象，這就引起了科學家和太空人們的注意。然而，此時的太空船與月面有 40 多公里，難道這種情況與月海有關嗎？月海表面應該相當平坦，那它上面能有什麼特別的物質呢？經過嚴密的考證，科學家認為這種抖動與環形月海下的物質有關。更確切地說，是與環形月海的形成有關。

經過研究，科學家認為最大的可能就是引力增強。那麼問題又出現了，月海為何會引力增強呢？很簡單，月海下面有高密度的異常物體。而這種物體在月球體內就像「腫塊」一樣。因此，科學家為這種物質去了一個非常形象化的名字 —— 月球質量瘤（mass concentration）。

繞月飛行

1968 年，美國加利福尼亞理工大學噴氣推進實驗室，根據大約 9,000 個經「環行器」太空船測定過速度的點，繪製出了一幅月球重力場的不平衡圖。科學家在月球正面 6 個環形月海下發現了質量瘤；1969 年，科學家又在其他月海下發現了 7 個質量瘤。這些月海分別是雨海、澄海、危海、酒海、濕海、史密斯海、洪堡德海、東海、中央海以及暑灣等。

月球的質量瘤不僅會影響環行器太空船正常的繞月飛行，還會影響其他環繞月球飛行的人造衛星運行。而只有深入了解這種月球質量瘤，才能準確地決定環繞月球的「停靠」軌道，從而令登月艙可以順利進入著陸軌道。

現在已經確定，月球在很多方面都表現得不夠對稱，其中朝向地球的一面，科學家們就發現了 11 個質量瘤，而背對月球的一面僅有 2 個質量瘤。為何會有這樣的不均衡分布呢？至今還沒有確切的答案能夠解釋這個問題。

月海盆地

要想釐清月球質量瘤的祕密，就要先釐清月海的形成原因。

月面主要分為兩個大的構造單位，分別是月海和月陸。在月球的表面，共有 22 個月海，其中向著地球正面的月海有 19 個，背面有 3 個。大多數的月海都呈閉合的環形結構，周圍被山脈包圍，而月球的質量瘤就與這些月海相呼應。正面的月海多數都是相通的，形成一個以雨海為中心的更大環形結構；背面的月海少而小，同時都是獨立存在。月背的中央附近則沒有月海，不過月背有一些直徑約 500 公里左右的圓形凹地，被稱為類月海，但正面沒有。月海主要由玄武岩填充。

其實早在 19 世紀末，美國地質學家基爾伯特（Grove Karl Gilbert）就注意到了月海的這些特徵。基爾伯特首先提出了雨海的形成因素，他認為雨海應該屬於典型的環形月海，外來的巨大隕石撞擊月球後，將月球內部岩漿誘出，使大量岩漿流入月面，而破碎的隕石及月面物質則被拋向四周，從而形成了環形月海。後來科學家們對月球的考察，也證實了基爾伯特的觀點，這就是月海形成的外因論。美國「阿波羅 14 號」載入太空船的著陸點，就是選在這次雨海事件的噴射堆積物上，而太空人從這裡採集的岩石樣品，幾乎都有遭受過衝擊和熱效應的特點。

雨海面積約有 88.7 萬平方公里，在 22 個月海當中，雨海的面積僅次於風暴洋，它與風暴洋、澄海、靜海、雲海、酒海以及知海構成了月海帶。從地形看，它屬於封閉的圓環形，四周群山環繞，是典型的盆地構造；而從地勢上看，雨海地區又非常複雜壯觀，幾乎囊括了月面構造的方方面面，因此很早就引起了科學家的注意。

從月海形成的外因論來看，月面學家又找到了一個很有說服力的典型衝擊盆地，那就是東海盆地。東海盆地位於月球背面，直徑約 1,000 公里，中央區是東海。人造月球衛星曾非常清晰地拍下了東海和東海盆地的照片，充分顯示了東海周邊有三層山脈包圍，形成了一個巨大的環形構造區。

同時，也有科學家認為，環形月海應該是月球自身演化的產物，因此他們根據月海玄武岩的年齡，推算月海玄武岩應該有過 5 次噴發，大概發生時間是距今 39 億年前至 31 億年前之間。而月海形成的先後順序應該為酒海－澄海－濕海－危海－雨海－東海。

不過這些目前也都是假說，至於月海究竟是怎麼形成的，也需要進一步的研究探索。

月球質量瘤的形成假說

對於月球質量瘤是如何形成的，目前的看法也有內因說和外因說兩種：

內因說認為，外來的隕石撞擊月球，導致月球內部密度較大的熔岩流出。我們知道，月海是由密度 3.2 ～ 3.4g/cm^3 的玄武岩所組成；相比之下，月面高低主要是由富含長石的岩石所組成，而長石的密度小於 2.9 ～ 3.1g/cm^3，所以填充月海的熔岩，應該比月面高地的岩石密度大。而且，月球正面的環形月海又比較多，這也顯示出了質量瘤與月海共同存在的局面。那麼，為何非環形月海就沒有與質量瘤的對應關係呢？內因論者認為，這是由於環形月海流出的填充熔岩，要比非環形月海填充的熔岩厚，而兩者也只是數量上的差異，並沒有本質上的不同。

外因論者則認為，環形月海都是由外來的隕石撞擊月面而成，這些小天體的密度就比初始月殼的密度大，因此進入月面後才形成了質量瘤。這就是說，質量瘤應該是外來天體的殘餘與月岩的混合物。當然了這也只是假說，而月球質量瘤的真正成因，至今還是個謎團。

新知博覽 —— 月球的自轉與天平動

我們平時看到的月球總是同樣的外貌，也就是說，月球在圍繞地球公轉時，總是以同一面對著地球，說明了月球自轉的現象，而自轉的方向與週期與地球公轉相同。

在月球上，一個晝夜大約就等於地球的一個月，那麼為什麼地球的自轉週期這麼長呢？這是因為地球對月球的潮汐力長期作用的結果，這種力量使得月球向地球的方向隆起。當月球自轉時，月球隆起的部分就會受到地球的引力，仍然保持朝向地球，這種轉動的方向與月球自轉的方向相反，這種作用就稱為潮汐摩擦（tidalfriction）。這種潮汐摩擦力長期不斷作用，逐漸使得地球自轉變慢，直到隆起部分永遠朝向地球。這時，月球的自轉週期就等於月球的公轉週期了。

月球在圍繞地球公轉的過程中，朝向地球的月面會呈現出上下、左右擺動的形態，這就是天平動，也正是由於天平動現象的存在，才使得月球的公轉運動不均勻，在近地點處運動較快，在遠地點處運動較慢。月球公轉速度的這種變化，就使得我們有時看到月面西邊緣之外的一小部分，有時又能看到月面東邊緣的一小部分。

在月球公轉過程中，月球自轉軸的北端和南端會輪流朝向地球，這也會使我們在地球上有時能直接看到月球北極之外、或南極之外的一小部分。而由於天平動的現象存在，我們看到的月面也不只是一半，而是整個月面的 59% 左右。

月亮為何有圓缺變化

人有悲歡離合，月有陰晴圓缺，月亮為什麼會有圓缺變化呢？

要回答這個問題，我們有必要先認識一下月相。

月相是什麼

月相就是月球的各種圓缺形態，在天文學中用來稱呼地球上所看到的月球被太陽照明的部分。

產生月相的原因，是當月球繞地球運動時，在一個月中，太陽、地球、月球三者的相對位置的規律變動。地球人所看到的月相變化，是隨太陽光照亮的月球部分形狀而變化；另外由於月球是不發光、不透明的，月球可見發亮部分是反射太陽光形成的。月球直接被太陽照射的部分才能反射太陽光。從不同的角度上看到的月球，都是被太陽直接照射的部分。這就是產生月相的原因。月相不是因為地球遮住太陽而造成的（這是月食），而是由於我們只能看到月球上被太陽照到發光的那一部分，而月球自身的陰暗面則形成陰影。

月相的更替與月亮陰晴圓缺的變化

月球不間斷繞地球旋轉，當轉到地球和太陽中間的時候，被太陽光照亮的那一半正好背著地球，黑暗的一半是向著地球的那部分，這時在地球上完全看不到月球，我們稱之為「朔」或「新月」，也就是農曆每月初一。

在新月以後的兩三天，月球沿著軌道緩緩地轉過另一個角度，太陽光逐漸照亮月球向著地球一面的邊緣，因此我們會在天空中看到一鉤彎彎的月牙了。

在這以後，月亮繼續繞著地球旋轉，向著地球的這一面照到太陽光部分逐漸變多，彎彎的月牙也就逐漸圓滿起來；到第七、八天的時候，太陽光就照到了月亮向著地球的這一面，於是我們在晚上就看到了上弦月。

上弦月後，月亮逐漸轉到和太陽相對的一面，這時它向著地球的一面照到太陽光更多，因此我們看到的月亮也就越來越圓。當月亮完全走到和太陽相對的一面時，也就是太陽光全部照到月亮向著地球的這一面的時候，我們就看到一個滾圓的月亮，這就是滿月，即「望」。

滿月過後，月亮向著地球的這一面，又有一部分逐漸照不到太陽光了，所以我們看到月亮又開始慢慢地變「瘦」；滿月以後七、八天，我們又只能看到半個月亮了，這就是下弦月。

下弦月以後，月亮繼續「瘦」下去；過了四、五天，就只剩下彎彎的一鉤了。以後，月亮會逐漸地變得看不見，開始了一個新月時期。

月相變化的一個週期是從新月到滿月再到新月，這個週期平均為 29.53 天，稱為朔望月。古人就是根據朔望月制訂農曆中的月分，每個月的朔為農曆月的初一，望為十五或十六。從這裡可以看出，月亮繞著地球運動造成月亮圓缺的變化，是月亮本身又不發光而反射太陽光的結果。

小知識 —— 怎樣識別月相

假設滿月是一個圓形，因此無論月相如何變化，它的圓形的直徑就是上下兩個頂點的連線。如果我們看到的月相外邊緣是接近反「C」字母形狀，這時的月相則是農曆十五日以前的月相；如果我們看到的月相外邊緣是接近「C」字母形狀時，這時的月相則是農曆十五日以後的月相。

月球背面的奧祕

月亮的自轉和公轉週期，在地球引力影響下是一致的，所以月亮永遠只有半顆球面對著地球。

實際上，有個夾角存在於月亮與地球的公轉軌道面之間，這就使月亮自轉軸的南端和北端每月輪流地朝向地球，在地球上，月亮的南極和北極以外的部分有時能被我們看到。

其實，地球上能夠看到月亮表面的 59%，而並不只是半個球面，我們沒辦法看見始終背著地球的其餘的 41%。

對月球背面的探索

有些人說，月亮的背面重力可能要大於正面，也許還存在空氣和水；還有人預言說，那裡可能有一片既廣闊又明亮的撞擊坑；也有人說，月亮上可能也和地球上差不多，北半球大陸多，而南半球海洋多；或說月亮正面的中央部分是高地，背面的中央部分則是一片呈暗色的平原。

1959 年 1 月 2 日，蘇聯發射的「月球 1 號」在距月亮 6,000 公里的上空，拍攝一些照片，並把它們傳回了地球。

1959 年 10 月 4 日，蘇聯又發射了「月球 3 號」自動行星際站，於 10 月 6 日進入繞月球的軌道飛行，於大約 7 日 6 時 30 分轉到月亮背面大約 7,000 公尺的高空。那時在地球上看到的是「新月」，太陽照射的月球背面是白天，為照相的大好時機。當行星際站在月亮和太陽之間運行的時候，40 分鐘內拍攝了很多比例各異的月球背面圖，經過顯影、定影等自動處理後，這些資料透過電視傳真傳回地球，這是人類第一次拍攝到月亮背面的照片！

月球背面到底是什麼？

從照片上看，像正面一樣，月亮的背面也是半球，山區占了絕大部分，中央部分也並不是人們想像的「海」(雖然其他地方有一些海，但也都比較小)。而且與正面相比，月球背面的顏色稍稍紅些。現在，科學家已經繪製成一幅較詳細的月亮背面圖，並按國際規定為那些背面的山和「海」命名。目前，以已故著名科學家命名的撞擊坑有齊奧爾科夫斯基、布魯諾、愛丁頓等；「海」則有理想海和莫斯科海等。

那麼，這些神祕的引人注目的撞擊坑是怎樣形成的呢？

透過 1966 年美國「月球軌道環行器 2 號」拍攝的照片，我們可以仔細地看清月面上那些大量圓丘，錯落而形狀不一，同美國西北部的圓丘相似。科學家認為，它們是由月亮內部熔岩向月面鼓湧形成的。

科學家透過現代科學儀器觀測的結果，以及對太空人帶回的月亮岩石所作的分析，得出這樣的假設：在月貌的形成中，火山活動和隕石撞擊這兩種自然力量都有作用。大撞擊坑是隕石撞擊月亮時造成的，而那些圓丘和較小的撞擊坑是火山活動中形成的。

延伸閱讀 —— 為什麼月亮總以同一面朝地球

我們從地球上只能看到月亮的一面，而另一面總是「藏」著。隨著天文觀測方法的進步，人們對它「藏」起來的一面還是所知甚少，雖然對月亮向著地球的一面已經了解得比較清楚了。

為什麼月亮永遠以同一面朝著地球，而另一面從來不轉過來呢？

這是因為，月亮在繞地球公轉的同時，也在自轉。而它自轉一周的時間，正好等於它繞地球公轉一周的時間，都是 27.3

天。所以，在月亮繞地球轉過一個角度的同時，它也正好自己旋轉了相同的角度，如果月亮繞地球轉了 360°，它也正好自轉了一圈，因此永遠是一面朝著地球，另一面背著地球。

同時，由於月球繞地球運動軌道是橢圓形的，公轉速度不像自轉速度那麼均勻，自轉軸與公轉運動軌道面也不垂直，因此我們有時能看見月亮背面的一小部分。這樣算起來，我們大約可以看到 59% 的月球表面。

不過月球自轉週期倒並非始終等於公轉週期。月球自轉在幾十億年前，要比現在快得多，月球自轉由於地球強大的吸引力逐步減慢，直到今天正好等於它的公轉週期。

認識神祕的月食現象

古人不知道日食和月食為何發生，因此每當看到日月食時，都會感到萬分恐慌，認為日月失光很不吉利，於是開始做出種種迷信的解釋。比如，中國古代普遍認為日食是天狗吃日，月食是蟾蜍食月，所以每逢日食或月食，人們都要敲鑼擊鼓，鳴盆響罐來「救日」和「救月」，以為這樣可以嚇跑天狗和蟾蜍。

月食的形成

當地球本影將月球全部或部分遮掩時，月食就形成了。

月食一般都發生在農曆每月的十五或十六日，即所謂的望日，這時地球運動至太陽和月球之間。但也並不是每個望日都會有月食，因為黃道和白道之間還存在一定的夾角，所以只有在望月夜，月球又正好運行到地球影到黃道和白道交點附近時，地球上才能觀看到月食。

一般來說，每年發生兩次月食。由於太陽直徑比地球直徑大得多，地球的影子可以分為本影和半影，而地球的直徑是月球的大約 4 倍（即使在月球軌道處，地球的本影直徑仍相當於月球的 2.5 倍）。所以當月球始終只被地球本影遮住一部分時，就發生月偏食；而當月球全部進入地球本影時，就會發生月全食。如果月球進入半影區域，也可以被遮掩掉一些太陽光，在天文上這種現象稱為半影月食。但由於陽光在半影區仍十分強烈，所以大部分情況下肉眼不容易用分辨半影月食，雖然事實上半影月食卻是經常發生的（據觀測資料統計，每個世紀中，半影月食、月偏食和月全食所發生的百分比約為 36.60%、34.46% 和 28.94%）。

月食與日食的差別

相對於日食來說，月食比較簡單，只有月全食和月偏食兩種，不存在月環食。原因很簡單，地球比月球大，地本影也比月本影長，所以月球不會落進地球的偽本影內，也就不會存在月環食了。

由於月球進入地影是自西向東的，所以也是從月輪東邊開始月食，這與日食剛好相反。另外，與日全食只有幾分鐘不同，月全食可延續1小時以上。這是因為，月全食只有在月球完全進入本影時才會發生，而地本影的直徑是月輪直徑的2.5倍，月球透過地本影也就需要比較長的時間。

月食和日食在觀測方面的最大不同是：各地觀測者在朝向月球的半個地球表面上所看到的是完全一樣的月食情況，月食的如初虧、食甚、復圓等各階段發生的時刻也完全一樣。這是因為月球本身不發光，從任何地方看落進地影的月輪都是黑暗的。

月全食時，月球即使已全部進入地本影，月光也不會完全消失，而是呈現為暗弱的紅銅色。這是因為經過地球大氣的折射，日光中的藍光和紫光被吸收和散射了，而紅光則被大氣折射到地本影裡，照到了月面上。

既然日、月食的發生與月球週期性的會合旋轉密切相關，我們也就很容易可以推斷日、月食的發生也是具有週期性的。人們很早就發現了這個週期，約為6,585.3天（相當於18年零11天左右）。

在一年中，就整個地球而言，我們最多可以看到7次日、月食，其中5次日食和2次月食，或4次日食和3次月食，一般情況是2次日食和2次月食。

日食和月食統稱交食。發生交食時，食限不同，也就是太陽離黃道和白道交點的角距不同。太陽在交點附近 180° 時，可能會發生日食，而太陽在交點附近 12° 時，則有可能是月食。因此日食在一年中會出現地多一些，而月食的機會就比較少。

在所見光亮情況上日食和月食也有不同，月全食時，月光並沒有完全消失，只是比起平時，亮度減弱許多，通常呈銅紅色。主要是因為地球大氣散射陽光中的紅光，照到了地球本影中。而日食時視圓面被遮住的部分都是黑暗的，日全食時就有如夜晚一般。

此外，月食和日食也有著不同的可見的交食區域。向著月球的半個地球區域在月食時都能見到，且各地所見情況都是相同的；而日食則不然，日食發生時的所見區域小，一般只有幾十公里至二三百公里的區域能見到日食，並且有的地方見到日偏食，有的地方見到日全食或日環食。就同一地點而言，日偏食是平均約 3 年才能見到一次，而平均要 300 多年才能看到一次日全食。正因如此，所以發生日全食時，世界各地天文觀測者都不怕遙遠前去觀測。

小知識 —— 月面特徵

月面上山嶺起伏，峰巒密布，沒有水，大氣也極其稀薄，在密度上不到地球海平面大氣的一兆分之一。月球上不僅沒有

火山活動，也沒有生命，是一個非常平靜的世界。

目前，月球上存在的已經知道的月海有 22 個，總面積 500 萬平方公里。從地球上，我們能看到 10 個月球表面較大的月海，位於東部的是風雲海、雨海、暴洋、濕海和汽海，位於西部的是靜海、危海、澄海、豐富海和酒海。這些月海都被月球內部噴發出來的大量熔岩所充填，某些月海盆地中的撞擊坑也被噴發的熔岩所覆蓋，形成的暗色熔岩平原規模十分宏大。因此，月海盆地的形成以及繼之而來的熔岩噴發，構成了月球演化史上最主要的事件之一。

月震現象背後的祕密

所謂月震，就是月球上發生的類似地震的一種震動。儘管我們沒有真實地感受到月震，但月震確實是存在的，並且人類也已初步了解它的一些特點和規律。

月震真的會發生嗎？

我們知道，我們所居住的地球大地是堅如磐石，為何會發生震動呢？一般來說，地震可以分為兩類，一類是由自然因素引起的地震，如地下岩石構造活動引起的地震，火山活動引起的地震等，全世界 90% 的地震都屬於這類構造地震，這種地震類型一般屬於天然地震；還有一類地震是，由人類活動引起的，比如進行地下核爆或開山炸石等。

地震通常取決於地球自身的物質運動，但同時我們也要看到，地球是處於一個動態且多層次的太空環境之中的，那就會受太陽、行星和月球等天體的影響。這些影響包括引力的束縛、可見光的照射以及粒子流的轟擊、電磁場的干擾等，這些也是導致地震不容忽視的外在因素。

而作為地球的衛星月球，會不會發生月震呢？要想回答這個問題，就必須首先了解月球的月面環境狀況，比如月球的表面環境怎麼樣？月球的內部活動是什麼樣的？如果發生月震，那麼月震能有多大的能量？它的頻率又會是多少？等等，而要解決這些問題，人類就必須登上月球。

月震的特徵

1969 年 7 月，美國「阿波羅 11 號」載人太空船首次登上了月球，並在月面放置了 3 件科學探測儀器，其中就有一件自動月震儀。在此後的幾次人類登月活動中，也都帶去了測量月震的儀器。第一個自動月震儀是放在月面的靜海西南角的，其他 5 個則分別放置在風暴洋內東南面、弗拉·毛羅地區（Fra Mauro）、亞平寧山地區和哈德利峽谷、笛卡爾高地和澄海東南的金牛－利特羅峽谷。第一個月，月震儀只工作了 21 天就停止了；到了 1977 年，其他月震儀也陸續停止了工作。但是在這八年中，人類卻在地球上監測到了一萬多次的月震活動。

經過研究，與地震相比月震有其獨特的特點。首先，月震的次數要比地震少得多，一般平均每年只有近千次，而地震每年卻能達到幾百萬次；其次，月震強度也低於地震，一般只相當於地震的 1 ～ 2 級；月震的震源大多在月面下 800 ～ 1,000 公里之處，屬於深源震，而地震的震源大多都在地下幾十公里至三五百公里處，屬於淺源震或中源震。

月震中也有來自隕石撞擊引起的震動，由於月球上沒有大氣保護，因此隕石墜落後會直接砸在月面，比如在 1972 年 7 月，月震儀記錄到一次 3.5 ～ 4 級的月震，後來得知這是一塊 1 噸作用的隕石撞擊到月面而引起的月震。

此外，由於月面結構是直接裸露在太空環境當中，因此太陽照射時的高溫和沒有太陽時的嚴寒這樣的溫度巨變，也會引起月面岩石的輕微震動。天文學家將這種變化引起的震動稱為熱月震，而這種震動則是地球上不曾擁有的。

月震有哪些祕密

要了解月震的次數與震級大小等情況，關鍵的還是要從中探索它震動的規律，查出它震動的內因和外因。

地震與月震都屬於天體的正常運動，一次月震從孕育到發展再到發生，是個非常複雜的天體變化過程。而如今，天文學家們知道的月震分布狀況是：向著地球的一面比背著地球的一面發生的月震更多；在向著地球的一面上，分布著 4 個深月震的震中帶；月海區的震動要比月陸區多。

與此同時，天文學家們還發現，深月震的時間分布還具有一定的週期規律性，而這些規律又與地球和太陽對地球的潮汐力有著觸發性的關係。

而淺月震要比深月震少得多，通常 10,000 次的月震紀錄中，也只有 20 ～ 30 次的淺月震發生。但能量最大的月震卻是淺月震，有記錄的最大淺月震是 4.8 級，震源於月面下 200 公里左右。

延伸閱讀 —— 深層月震與淺層月震

月震分為兩大類，分別為深層月震與淺層月震。

深層月震是發生在深度 600 ～ 1,000 公里的月幔之中，通常北半球要明顯多於南半球的，而且每次釋放的能量都較少，還有顯著的 27 日週期。研究發現，深層月震與地球對月球的潮汐力有關。

淺層月震是發生在月殼表層 0 ～ 200 公里之內的月震，發生的次數較少，一年也只發生 1 ～ 5 次，但每次釋放的能量都比較大。淺層月震主要發生於月殼的斷裂帶上，目前還沒有找到發震的規律，但似乎與地震的機制有相似之處，難以預測。

神祕的月球魔力

人體生物鐘、海洋潮汐現象的存在，以及某些動物晝夜不同生活習性的形成等等，究其根源，都是由於與日月的萬有引力、磁場、宇宙線及光線有很大關係。月球雖小，但與地球距離比其他行星、恆星離地球的距離都近很多，因此它對地球的影響力比其他星球更加顯著。

月亮的圓缺影響蔬菜生長和人的生理

1970 年代，根據實驗資料，美國伊利諾大學公布了一個有趣的結果：蔬菜的生長和月亮圓缺有關係。馬鈴薯塊莖澱粉在月圓時的積聚速度最快。他們認為，這樣現象也許與磁場的變化有關。

另據美國醫學協會的一份報告顯示，人生病也可能與月亮的圓缺有關。調查的 88 位病人中，有 64% 的病人在滿月和弦月這一段時間會出現心絞痛；在地球、太陽和月亮運行到一條直線之前，38 個潰瘍病的人腸胃出血較多。

為什麼會產生這種現象呢？一些科學家認為，這部分可以歸因於地球萬有引力和電磁的變動。地球和月亮的相互作用，可能會使人類生理和心理上的一些行為變化受到影響。

滿月之夜多暴力事件

在統計了美國邁阿密市 15 年發生的殺人事件數量和發生時

間後，人們發現：殺人事件在滿月與新月之時明顯出現高峰。

不僅殺人事件，其他暴力事件也是如此。據員警和消防人員描述，比起平時，滿月時紐約市的放火和傷害事件要翻一倍。其他城市也是如此。據統計，在滿月之夜東京消防廳的交通事件救護車出動次數也呈高峰狀態。不僅如此，研究還證明，月齡（月亮盈虧的日數）從各方面對人類都有影響。

之所以月齡會影響人體，是因為生物體存在生物鐘，可以與宇宙共鳴。正像潮水有漲有落，人類也會因為月球的引力和磁場的變化而發生週期性的變動，而這便會在人的行動中表現出來。科學家認為，對能一般人來說，月球的這種力量影響並不大；但對於那些敏感於月球力的人來說，他們的情緒極不穩定，衝動不容易抑制，就比較容易誘發各類案例。

滿月和新月前後分娩多

日本御茶水女子大學的藤原正彥副教授，是《月的魔力》（月の魔力）一書的譯者，他在翻譯時，發現「月球的力」與分娩也有關係。依靠朋友的幫助，它得到了岐阜和東京兩間婦產醫院 2,531 名嬰兒的正確分娩時間，因為考慮到大醫院裡較常使用催產素和剖腹產，所以選擇從兩間普通的婦產醫院取資料。他將取得的資料繪成圖觀察，發現滿月和新月前後會是產婦分娩高峰，且具有一定規律，因為兩個時間點繪出的圖形狀極其相似。

假定是月球和太陽的力（吸引力和離心力）影響分娩，那麼將這種力作圖，圖中曲線的形狀也與上圖相似。藤原正彥的研究表明，就是這種力產生了「扳機」效果，從而引發陣痛分娩。

當然，隨著科學家今後對月球的更廣泛研究，也許還會發現更多驚人的事實。

新知博覽——月球的圈層結構

作為地球的唯一天然衛星，月球與地球有著密切的演化聯繫。透過分析建立在月球上的阿波羅 11 號和 12 號月震臺紀錄資料，以及對月球表面和月岩的研究，我們已經可以確定現今的月球內部也有圈層結構，但並不是與地球的圈層結構完全相同。

月球表面有一層土壤，幾公尺至數十公尺厚，月球土壤被認為由三部分構成，即月球岩石圈（0～1,000 公里）、軟流圈（1,000～1,600 公里）和月球核（1,600～1,738 公里）。月球岩石圈又可進一步分為月殼（0～60 公里）、上月幔（60～300 公里）、中月幔（300～800 公里）和月震帶（800～1,000 公里）4 層。軟流圈又稱為下月幔。在月殼的 10 公里、25 公里和 60 公里的深處，均存在月震波速的急劇變化，這表明在這些深度處存在顯著的不連續性。

月球表面至25公里深處為玄武岩組成的月殼第一層次，25～60公里之間由輝長岩和鈣長岩組成，為月殼的第二層。上月幔由富鎂的橄欖石組成，中月幔和下月幔由基性岩組成。

月球震源的位置位於600～1,000公里的深度之間，平均月球震源深度為800公里。比起整個月球的平均密度來，月球表面岩石的密度並沒有小多少，因此可認為月球核不會是由鐵、鎳等較重的元素組成，可能呈塑性或部分熔融狀。月幔在月球1,000公里深處的溫度不會高於1,000℃，圈層結構也是月球演化過程中物質分化的結果。

月球上的雨海

如果經常觀察月亮，我們會發現在月面的左上方，有一片類似圓形的暗灰色區域，這就是雨海。當然了，月球上是沒有大氣和水的，因此這個雨海的稱呼自然也就名不副實了，其實這個雨海只是月球上的平原而已，而雨海的叫法，是由義大利天文學家所命名。觀察發現，雨海是以典型的環形結構和複雜的地勢而聞名。

雨海周圍的地形

科學家透過天文望遠鏡，可以清晰地看到雨海的形狀，它如同一個巨大的圓形。雖然當年伽利略沒有為其畫出月面圖，但1643年，波蘭天文學家十分清晰地畫出了雨海的位置、形狀及其周圍的環境特徵。

雨海位於月面的西北部，北面隔著一條高地與東西走向的冷海相鄰；東邊地勢起伏較大，往往都是懸崖峭壁，與澄海相通；南面則與著名的哥白尼撞擊坑為中心的高地和伸向陸地的暑灣毗鄰；西部則與風暴洋相連。看起來這裡的自然環境似乎很惡劣，然而事實上，這裡卻是風平浪靜、萬籟俱寂。

據觀測，雨海的總面積約 88.7 萬平方公里，在 22 個月海中，其面積僅次於風暴洋，位居第二，與風暴洋、澄海、靜海、雲海、酒海及知海等一起構成月海帶，並且還以非常典型的環形月海著稱。

雨海的地勢特徵

從地形的角度來看，雨海的形狀屬於封閉的圓環形，被群山包圍，是一個典型的盆地結構。其東北部，為阿爾卑斯山，東邊是高加索山脈和亞平寧山脈，西北方為朱拉山脈；北方則是直列山脈和泰納里夫山脈。在東部的海中，還有斯皮茲柏金西斯山脈。目前，已經知道的整個月球中共有 15 座山脈，而雨海周圍就有 9 座。因此，有些天文學家便推測，在地球的太平洋周圍也有斷斷續續的山脈環繞，從而也可以探索類地天體構造的共同規律。

雨海與其周圍的地勢構成了一個整體。透過天文望遠鏡觀測，雨海的東部地勢錯綜複雜，弗雷斯納爾海角將隔開雨海和澄海的大山脈攔腰截斷，北段為高加索山脈，南段為亞平寧山脈，從而令雨海與澄海相通。亞平寧山脈長約 640 公里，是月球上最大的山脈，向雨海一側偏斜，因此也形成了懸崖峭壁。

月面上不僅山脈眾多，還有很多蜿蜒曲折的大裂縫，類似於地球上的溝壑或谷地，通常較寬的部分被稱為月谷，較窄的則被稱為月溪，而雨海這裡則既有月谷又有月溪。這裡的月溪長約 10 萬公尺，深 1,500 公尺，深 400 公尺，是地球上能看到最清晰的月溪之一。它外形筆直，連接雨海和冷海，這就是著名的阿爾卑斯月谷。用一般的天文望遠鏡望去，也能清晰地看到它獨特的外形，類似地球上的蘇伊士運河。

在雨海的北岸，是著名的柏拉圖撞擊坑，直徑約 96 公里，底部與雨海的「海面」一般高。1878 年時，就有人曾幾次觀測到柏拉圖撞擊坑底部，會隨著太陽在月球天空的高度不同而出現明暗的變化；1949 年，又有人發現這座撞擊坑的底部出現了一次金黃色的閃光。

在阿爾卑斯山和高加索山脈之間，在雨海的海面上，還有一座直徑約 58 公里的撞擊坑，這就是卡西尼山，是以法國天文學家卡西尼（Jacques Cassini）命名。1680 年，卡西尼根據自己的觀測繪製出了精確的月面圖，並發現了月球運動的 3 條規律，因此將這座山用他的名字命名，以紀念卡西尼為此做出的卓越貢獻。

在卡西尼撞擊坑的西部，有一座不出眾的小山，叫做皮同山；在雨海的東部，還有 3 座很明顯的撞擊坑矗立，分別為阿基米德撞擊坑、奧托里撞擊坑和奧利斯基洋撞擊坑。其中阿基米德撞擊坑與柏拉圖撞擊坑一樣，坑底也是與月海面一樣高和一樣平坦的，只是環狀壁的頂端露出了海面，它們都屬於比較古老的撞擊坑了，都是在月面形成前就產生了。

在亞平寧山脈的南側，還有一座比較有名的撞擊坑 —— 愛拉托遜撞擊坑。這座山在東西方向上，將亞平寧山脈與喀爾巴阡山脈分開，在南北方向上是雨海和暑灣的分水嶺。

雨海區域的地勢是相當複雜的，而且又極為壯觀，因為它囊括了月面構造中的多種類型，所以很早便引起了天文學家的興趣和重視。

雨海是如何形成的

雨海具有壯麗的外觀，複雜的地勢構造，那麼它到底是如何形成的呢？

一般來說，就雨海的形成有兩種解釋。一種解釋認為，在大約39億年前，一顆巨大的隕石（或小行星）撞擊在了月面上，形成了巨大的坑穴。然而，在隕石坑的四周卻出現了山崩和斷裂，從而形成更大的月海盆地，現在的亞平寧山脈和高加索山脈就是當時造成的斷層。而大約在 31 億年前，隕石衝擊誘發，導致大量的熔岩湧出，淹沒了月海盆地的內部，就形成了今天的雨海。

這是其中的一種解釋，而另外一種解釋則認為，月海是月球自身演變的結果，基本上都是在同一時期內形成的。

不過，兩種解釋都沒有確切的科學依據，都是推測，雨海為何會產生？還需要科學家們繼續探求

新知博覽 —— 隕石的分類

隕石一般分為 3 類，分別是鐵隕石、石隕石和石鐵隕石。

鐵隕石也稱隕鐵，一般含鐵 80% 以上，鎳 5% 以上，此外還有少量鈷、銅、磷、硫、矽等；密度從 7.5 ～ 8.0g/cm^3。這類隕石占能看見、落下，並找到的全部隕石的 6%。

石隕石，即隕石，主要是由氧化矽、氧化鎂、氧化鐵等組成的礦石，也包含少量的鐵、鎳等；密度從 2.2 ～ 3.8g/cm^3。這類隕石占全部隕石的 92%，大部分（約 86%）隕石是由一種地球上沒有的粒狀體組成，稱為球粒隕石。粒狀體是在高溫下形成的球狀或扁球狀的結晶粒，直徑多在 0.3 ～ 1 毫米之間，包含矽酸鹽和其他礦物，也有一點點鐵、鎳等。少數的球粒隕石含碳較多，達 2.4%（一般不超過 0.4%），稱為碳質球粒隕石。不是由粒狀體組成的隕石稱為非球粒隕石。

石鐵隕石也稱隕鐵石，鐵鎳和矽酸鹽等礦物各約占一半，密度從 5.5 ～ 6.0g/cm^3。這類隕石占全部看見落下並找到的隕石的 2% 左右。

在一些隕石中找到了水；在一些隕石中找到了鑽石；在一些碳質球粒隕石中找到了多種有機物，包括甲醛和二、三十種氨基酸。

月地距離是多少

月球離地球的距離為 384,401 公里，一顆速度為每秒 500 公尺的炮彈，需要飛行 9 天，以 340.29m/s 的音速，需要傳播 13 天；即使是光線，從月亮到達地球，也得走 1.25 秒鐘。

三角法測量月地距離

月球作為一名「衛士」，與它的「主人」—— 地球相處得很好。月球誕生 40 多億年以來，始終圍繞著地球不停地轉動，此外，它還是滿天星斗中離地球最近的一顆星，平均距離只有 384,401 公里，只有太陽到地球距離的四百分之一。

第一次測量月球距離的是古希臘的喜帕恰斯(Hipparkhos)，他利用月食測量了月亮距離。當時希臘人已經意識到，月食是由於地球處於太陽和月亮中間，地影投射到月面上造成的。根據掠過月面的地影曲線彎曲的情況，能顯示出地球與月亮的相對大小，再運用簡單的幾何學原理，便可以推算出月亮的距離。喜帕恰斯得出，月亮到地球的距離幾乎是地球直徑的 30 倍。

1751 年，法國的拉朗德和拉卡伊，用三角法精確地測量了月亮的距離。三角法是測量隊常用的一種方法，它能用來測量不能直接到達的地方的距離。比如，在一條奔騰咆哮的河對岸有一建築物，要想知道它的距離，又不能渡過河去，就可以用三角法測量。方法是在河這邊選取兩個基點，量出它們之間的距離（這兩個基點之間的連線叫基線），然後在兩個基點上分別量出被測目標同基線的夾角，就可以計算出被測建築物的距離。拉朗德和拉卡伊所用的正是這種方法。不過，由於天體都很遙遠，用三角法測量天體時，基線要取得很長。拉朗德和拉卡伊選取柏林和好望角作基點。拉朗德在柏林，拉卡伊在好望角，同時觀察月亮。他們測得月亮離地球是 384,400 公里。

雷達測月和雷射測月

隨著科學技術的發展，1950 年代以來，先後發展了雷達測月和雷射測月。雷達測月在 1946 年開始試驗，1957 年首次獲得成功。用這種方法測量的距離是 384,403 公里，誤差在 1 公里之內。目前國際天文界共同採用的數字是 384,401 公里。

雷射的發明，特別是 1960 年第一臺紅寶石雷射器問世，使得天文學家有可能將雷達天文拓展到光學波段。在測量月地距離時，人們用雷射雷達代替無線電雷達，這就是現在很受推崇和注意的雷射測月。由於雷射的方向性極好，光束非常集中，單色性極強，因此它的回波很容易與其他形式的光區分，雷射測月的精確度遠比雷達測月高，可精確到幾十公分。

第一次成功地接收到月面反射回來的雷射脈衝是 1962 年，它為雷射測月拉開了序幕；7 年以後，美國用「阿波羅 11 號」太空船把 2 名太空人送上了月球。他們在月面上安裝了供雷射測距用的光學後向反射器元件。這個元件反射的雷射脈衝，將嚴格地沿著原路返回地面雷射發射站，供地面接收。用這種方法測量月一地距離，精確度可達到 8 公分。

延伸閱讀 —— 人類第一次登月旅行

1969 年 7 月 16 日（美國東部時間），星期三，一個萬里無雲的好日子。上午 9 點半，龐大的「農神 5 號」運載火箭一聲巨響，載著「阿波羅 11 號」太空船徐徐升上太空；3 天後，太空船到達月球上空，駕駛長柯林斯（Michael Collins）完成了最後的軌道調整，使太空船在月球上空 15 公里處繞月飛行。

7 月 20 日，另外兩名太空人阿姆斯壯和艾德林登上了「鷹號」登月艙，從太空船出發，並平穩地降落在月面上一個名叫「靜海」的平原。經過 6 個半小時的準備，身穿太空裝的太空船船長阿姆斯壯打開了太空船艙門，爬出艙口，在 5 公尺高的進出口臺上待上了幾分鐘。然後又沿登月艙著陸架上的扶梯走向月面。透過電視，地球上億萬人看到了阿姆斯壯雙腳踏上月面。當阿姆斯壯向月面邁出第一步時，透過無線電向整個地球上的人類說出：「對於我來說，這只是一小步；但對人類來說，這是一大步。」

19 分鐘後，艾德林也下到了月面上，並在月面上插上了一面美國國旗，然後留下一塊金屬紀念碑：「西元 1969 年 7 月，來自行星地球上的人首次登上月球。我們是全人類的代表，我們為和平而來。」

7 月 21 日，阿姆斯壯和艾德林完成考察任務後，進入登月艙的上升段，與在月球軌道上停留的柯林斯會合後，平安返回了地球。

發現星空

星系是怎樣形成的

二十世紀以前，科學家受觀測技術的限制，認為整個宇宙就是由太陽系所在的銀河系所組成，而那些不能在天象圖中被確認為恆星、且規模不大的模糊斑跡，就被稱作「星雲」，它們曾被看作是銀河內氣體物質所組成的雲團，或許是遙遠太陽系的雛形。

隨著測量距離的方法和精確度的改善，1920 年代，天文學家對上述有關「星雲」的觀點做了重大修正：許多星雲其實是無窮遠處由若干單個恆星組成的星團。此外，人們還認識到，這些遙遠的星系都在遠離我們，所以在不斷膨脹的宇宙中的眾多星系中，我們的銀河不過是普通的一員而已。這一驚人的發現也引發了新的問題，它們同樣困擾了天文學家幾十年：星系，究竟源自何處？

星系的形成過程

大霹靂時，宇宙的體積被認為是零，所以是無限熱的；但是隨著宇宙的膨脹，輻射的溫度會降低。溫度在大霹靂後的 1 秒鐘降低到約攝氏一百億度，這大約是氫彈爆炸達到的溫度，亦即太陽中心溫度的 1,000 倍。此刻，宇宙主要包含光子、電子和微中子（極輕的粒子，只受弱力和引力的作用）和它們的反粒子，還有一些質子和中子。

然後宇宙不斷膨脹，溫度繼續降低，在碰撞中，電子、反電子對的產生率逐漸低於它們湮滅率。這樣就只剩下很少的電子了，而大部分電子和反電子則會相互湮滅，產生出更多的光子，然而因為這些粒子與其他粒子的作用都非常微弱，微中子和反微中子並沒有互相湮滅，直到今天應該仍然存在。而只要我們能夠觀測到它們，就可以為早期宇宙階段的圖像提供證據，但我們根本不能直接地觀察，因為它們的能量太低了。

在大霹靂後的大約 100 秒，溫度就降到了攝氏十億度，即最熱的恆星內部溫度。質子和中子在這個溫度下，不再有足夠的能量擺脫強力的吸引，開始結合，氘（重氫）的原子核就產生了。氘核中有一個質子和一個中子，然後氘核和更多的質子中子相結合，形成氦核，它包含 2 個質子和 2 個中子，還可以產生少量的 2 種更重的元素鋰和鈹。可以計算出，在大霹靂模型中，大約 1/4 的質子和中子轉變了氦核，還有少量的重氫和其他元素。所餘下的中子會衰變成質子，也就是通常氫原子的核。

大霹靂後的幾個鐘頭之內，氦和其他元素就不再產生了；之後的 100 萬年左右，宇宙沒有其他變化，僅僅只是繼續膨脹。最後，一旦溫度降低到幾千度，電子和核子沒有足夠能量去抵抗它們之間的電磁吸引力，它們就開始結合成原子。作為整體，宇宙繼續膨脹變冷，但如果一個區域略比平均更密集，由於額外的引力吸引，膨脹就會慢下來；在一些區域內，膨脹還會最終停止，還會開始塌縮。當它們塌縮時，在這些區域外的物體的引力，使它們開始很慢地旋轉，而當塌縮的區域變得更小，它會自轉得更快。

最終，如果這些區域變得足夠小，自轉的速度就足以平衡引力的吸引，碟狀的旋轉星系就誕生了；而另外一些區域無法旋轉，就形成了橢球狀物體，叫做橢圓星系。之所以這些區域會停止塌縮，是因為星系整體並沒有旋轉，只是星系的個別部分穩定地繞著它的中心旋轉。

隨著時間流逝，星系中的氫和氦氣體被分割成更小的星雲，受到自身引力的作用開始塌縮。收縮時，它們的原子相碰撞，氣體溫度升高，直到最後可以引發核融合。這些反應將更多的氫轉變成氦，釋放出的熱升高了壓力，使星雲不再收縮，但在這種狀態下它們會穩定地停留很長時間。質量更大的恆星需要變得更熱，以便與更強的引力平衡，使得其核融合反應進行得極快，以至於在 1 億年這麼短的時間裡就會將氫耗盡。然後，這些恆星會稍微收縮，進一步變熱，開始將氦轉變成更重的碳、氧之類的元素，但這一過程並沒有釋放出太多的能量，所以我們還是不清楚其中的細節。

星系的特點

據統計，現在可以觀測到的宇宙裡，我們大約可以找到 10 億多個星系，但其中肉眼能看到的只有 3 個，分別是秋季星空中的仙女座大星系，以及南半球居民比較容易看到的大麥哲倫星系和小麥哲倫星系。

星系的大小不一，最小星系的恆星大約只有幾百萬顆，離我們稍遠一點就很難發現，最大的星系則相當於幾百個我們的銀河系。

星系的外形和結構是多種多樣的，按星系的形態一般可分為漩渦星系、橢圓星系、棒旋星系和不規則星系。近些年，又有許多特殊星系被發現，如塞佛特星系，這個漩渦星系具有十分明亮的中心區，光譜中有強而寬的發射線；有的星系核心很亮，近於星狀，稱為 N 型星系；有些星系稱為緻密星系，看起來完全像恆星，只有在光譜中才顯示出其星系的性質；有些星系被稱為爆發星系，不僅在外形上顯示出爆發形成的噴射纖維，而且噴射物高速運動；等等。有人把看起來像個恆星狀天體，但紫外輻射很強的類星體也歸入星系，把它看做是一種特殊類型的星系。

星系的四大種類

橢圓星系是銀河外星系的一種，也叫橢球星系，呈圓球型或橢球型。中心區最亮，向邊緣亮度遞減，透過大型望遠鏡，可對距離較近的分辨出周邊的成員恆星。相同類型的銀河外星系被劃分為巨型和矮型，質量差別很大，其中差別最大的是橢圓星系的質量，質量最小的矮橢圓星系與球狀星團差不多；而宇宙中最大的恆星系統，可能是質量最大的超巨型橢圓星系，質量大約為太陽的千萬倍到百兆倍。橢圓星系的直徑範圍是1～150千秒差距，總光譜型為K型，是紅巨星的光譜特徵。橢圓星系根據哈伯分類，按其扁率大小分為E0、E1、E2……到E7，共8個次型，E0型是圓星系，E7是最扁的橢圓星系。

漩渦星系，是具有漩渦結構的銀河外星系，在哈伯的星系分類中用S代表。最早是在1845年觀測獵犬座星系M51時發現漩渦星系的，具有透鏡狀的中心區域，扁平的圓盤圍繞在周圍，若干條螺線狀旋臂從隆起的核球兩端延伸出來，疊加在星系盤上，有正常漩渦星系和棒旋星系兩種。正常漩渦星系按哈伯分類又分為a、b、c3種次型：Sa型中心區大，緊捲旋臂稀疏地分布著；Sb型中心區較小，旋臂大並較開展；Sc型為小亮核中心區，旋臂大而鬆弛。除高光度O、B型星、超巨星、游離氫區集聚在旋臂上外，同時星系盤上還分布有大量的塵埃和氣體。當從側面看去，在主平面上呈現為一條窄的塵埃帶，有明顯的消光現象。漩渦星系通常有星系暈，是一個籠罩整體的、結構稀疏的暈。漩渦星系的質量為太陽質量的10億～1兆倍。

中心呈長棒形狀的螺旋形星系，稱為棒旋星系，一般的螺旋形星系是有圓核的中心，而棒旋形星系的兩邊向外伸展有旋形的臂。

外形不規則、沒有明顯的核和旋臂稱為不規則星系，是沒有盤狀對稱結構或看不出有旋轉對稱性的星系，以字母 Irr 表示。不規則星系在全天最亮星系中僅占 5%。按星系分類法，不規則星系分為 IrrI 型和 IrrII 型兩類。I 型是十分典型的不規則星系，除了有以上所述的一般特徵外，有的還隱約可見不太規則的棒狀結構，它們是質量為太陽的 1 億～ 10 億倍的矮星系，有的甚至高達太陽質量的 100 億倍，體積小，長軸的幅度為 2～9 千秒差距；II 型的很難分辨出恆星和星團等組成成分，具有無定型的外貌，且有明顯的塵埃帶。一部分 II 型不規則星系，可能是正在爆發、或爆發後的星系，另一些則是在受伴星系的引力擾動下扭曲的星系，所以 I 型和 II 型不規則星系可能有完全不同的起源。

相關連結 —— 星團和星雲

除了單個的形式，或組成雙星、聚星的形式，在銀河系眾多的恆星中也有以更多的星聚集在一起的。超過 10 顆以上星數，並且彼此具有一定聯繫的恆星集團，稱為星團，引力使這些恆星團結在一起。星團多的可達幾十萬顆成員，它們又可以分成兩類：疏散星團和球狀星團。銀河系中遍布著星團，只是不同的地方星團的種類也不同。

所謂星雲，則是一種雲霧狀天體，是由星際空間的氣體和塵埃組成的。星雲中的物質密度非常低，有些地方與地球相比幾乎是真空。但星雲的體積非常龐大，往往方圓達幾十光年，因此一般星雲比太陽還要重得多。有的星雲呈瀰漫狀，形狀很不規則，沒有明確的邊界，叫瀰漫星雲；有的星雲淡淡發光，像一個圓盤，很像一個大行星，所以稱為行星狀星雲，總之星雲的形狀千姿百態。

神祕而美麗的銀河系

銀河系，是地球和太陽所屬的星系。因為它的主體部分投影在天球上的亮帶，因此被稱為銀河而得名。

側看銀河系，它就像一個中心略鼓的大圓盤，整個圓盤的直徑約為 10 萬光年，而太陽位於距銀河中心 2.3 萬光年處。鼓起處被稱為銀心，是恆星的密集區，因此望去是白茫茫的一片。俯視銀河系，它又像一個巨大的漩渦，由 4 個旋臂組成，而太陽系則位於其中一個旋臂（獵戶座臂），按逆時針旋轉（太陽繞銀心旋轉一周需要 2.5 億年）。

怎樣發現銀河系

銀河系的發現經歷了漫長的過程。望遠鏡發明後，伽利略首先用它觀測了銀河，發現銀河是由眾多恆星組成的。而在這以後，許多天文學家透過觀測，認為銀河和全部恆星可能集合成一個了龐大的恆星系統。

F.W. 赫雪爾在 18 世紀後期，用自製的反射望遠鏡開始計算恆星，以確定恆星系統的大小和結構。他斷言，恆星系統呈扁盤狀，太陽離盤中心距離不遠。

20 世紀初，天文學家將以銀河為表觀現象的恆星系統稱為銀河系，並根據統計視差的方法測定出恆星的平均距離，結合恆星計數得出了一個銀河系的模型。在此模型裡，太陽在中間位置，銀河系呈圓盤狀，直徑 8,000 秒差距、厚 2,000 秒差距，並測定了球狀星團的距離，從球狀星團的分布來研究銀河系的結構和大小。但是天文學家研究發現，太陽不在銀河系的中心，銀河系是一個透鏡狀的恆星系統。

銀河系的結構與特點

太陽系在銀河系的恆星系統中，大約包含 2,000 億顆星體，其中恆星大約 1,000 多億顆，太陽就是其中的典型。銀河系的旋臂主要由星際物質構成，4 條旋臂分別是人馬臂、獵戶臂、英仙臂和天鵝臂，而太陽位於獵戶臂內側。

銀河系是一個非常大的螺旋狀星系，它由 3 個主要部分組成：包含旋臂的銀盤，中央突起的銀心和暈輪部分，總質量是太陽質量的 1,400 億倍。在銀河系裡，很多恆星都聚集在一個扁球狀的空間範圍內，扁球體的中間突出部分叫「核球」，半徑大約是 7,000 光年；核球的中部叫「銀核」，四周叫「銀盤」。有個更大的球形在銀盤的外面，那裡恆星少，密度也小，因而被稱為「銀暈」，直徑約為 70,000 光年。

銀河系屬於漩渦星系，有兩個旋臂和一個銀心，兩旋臂距離約為 4,500 光年，距銀心的遠近，造成各部分的旋轉速度和週期有所差異。太陽距銀心約 2,300 光年，以 250km/s 的速度圍繞銀心運轉，運轉的週期約為 2.5 億年。

銀河系的物質約有 90% 集中在恆星內部。恆星按照物理性質、化學組成、空間分布和運動特徵，可劃分為 5 個星族，最年輕的極端星族Ｉ恆星，主要分布在銀盤裡的旋臂上；最年老的極端星族II恆星，則主要分布在銀暈裡。

銀河系中除了大量的雙星外，還有 1,000 多個星團，另外還有氣體和塵埃，含量約占銀河系總質量的 10%。氣體和塵埃分布不均勻，有的散布在星際空間，有的聚集為星雲。

銀河系的核心叫做銀心或銀核，是個十分特殊的地方，能發出很強的無線電、紅外線，X 射線和 γ 射線輻射等，還可能有一個質量可達到太陽質量 250 萬倍的巨型黑洞。

銀河系也有自轉。太陽系以每秒 250 公里的速度圍繞銀河中心旋轉，旋轉一周約 2.2 億年。

一般認為，銀河系中的恆星多為雙星或聚星；但最新的發現認為，銀河系的單星占主序星中的 2/3。

銀河系的年齡問題，主流觀點認為，銀河系在大霹靂之後不久就誕生了，用這種方法推算，我們銀河系的年齡大概在 145 億歲左右，而科學界認為宇宙誕生的「大霹靂」大約發生 200

億年前。

延伸閱讀 —— 銀河外星系

17 世紀時，人們先後發現了一些稱之為「星雲」的朦朧的天體。有的星雲是氣體的，有的則像銀河系一樣，是由很多恆星所組成的。

美國天文學家哈伯，於 1920 年代在仙女座大星系中發現一種叫做「造父變星」的天體，因此計算出星雲的距離，最後確定它是銀河系以外的天體系統，所以它們被為「銀河外星系」。

銀河外星系，是處於銀河系之外、由幾十億至幾千億顆恆星、星雲和星際物質組成的天體系統。根據估計，銀河外星系的總數在千億個以上，因為它們如同遼闊海洋中星羅棋布的島嶼，所以也被稱為「島宇宙」。

恆星中有哪些星系

恆星世界豐富多彩，恆星有半數以上不是單一存在的，它們往往組成大大小小的集團。其中兩個在一起的叫雙星，三、五成群的叫聚星，幾十、幾百甚至成千上萬個彼此集合成團的叫做星團，連繫比較鬆散的叫星協。

雙星

約三分之一的恆星不是單一地存在，而是結合成一對雙星。兩個星不僅離得很近，而且互相繞轉，每個星都繞兩星的質量中心轉動。組成雙星的兩個恆星稱為雙星的子星，較亮的子星稱為主星，亮度較小的稱為伴星。在較亮的恆星中，參宿一和參宿七都是雙星。已經發現的雙星有 7 萬個以上。子星相距很近的雙星稱為密近雙星（closepair），對於密近雙星可以出現下述幾種現象：

第一，兩個子星相距很近，所以轉動速度較大，因而光譜線會由於都卜勒效應而作週期性位移，當光源接近觀測者時，光的波長會變短、頻率會變高；當光源離開觀測者時，波長會變長、頻率會變低。例如，當火車經過車站不停靠，只拉響汽笛，我們聽到汽笛的聲音在火車進站時（接近觀測者）很高，火車出站時則突然變低沉了，這就是都卜勒效應的表現。

雙星的兩個子星互相繞轉，如果光譜型差不多，一個在前一個在後，朝著垂直於視線的方向轉動，那麼兩子星的光共同產生的光譜就和平常一樣；但當兩子星一個離開我們、一個接近我們，那麼每條譜線便由於都卜勒效應而從單線變成雙線：接近我們的子星，光波變短，譜線向波長較短的那頭（紫端）移動，稱為藍移；離開我們的子星，光波變長，譜線向光譜的紅端位移，稱為紅移。

第二，密近雙星的兩個子星的軌道面法線，如果和視線交角接近 90 度，那麼兩個子星就會互相掩食，這種雙星稱為食雙星（eclipsingbinaries）；又由於雙星作為整體的亮度在變化，成為週期性變星，也稱為食變星。在織女星（天琴座 α）附近的天琴座 β，中文名漸臺二，就是一個著名的食變星，週期 12.9 天。

第三，密近雙星的兩個子星相距很近，互相施加影響，常交換物質，每個子星的演化都受到另一子星的嚴重影響，所以密近雙星的觀測，對於研究恆星史十分重要。

聚星

三到十幾個恆星在一起組成一個體系，稱為聚星。包含三個子星的聚星稱為三合星，以 A、B、C 表示這三個子星，如果 A 和 B 在一起，C 離 A，B 較遠，這種組態比較穩定。這時因為A和B互相繞轉，A，B的質量中心（質心）又和C互相繞轉，所以共有兩個克卜勒運動。如果三個子星彼此間的距離都差不多，就會不穩定、容易瓦解。

對於四合星，有的組態比較穩定，有三個克卜勒運動，有的也不太穩定。北斗斗柄中間的那顆星，中文名開陽星，就是一顆著名的聚星。用肉眼可以看到，開陽星近旁有一個較微弱的恆星，中文名輔星。用望遠鏡看開陽星，很容易就能看出它本身也是一個雙星，兩子星相距 14 角秒（開陽星和輔星相距 11 角分）。以 A 和 B 表示開陽星的兩個子星，以 C 表示輔星，

後來透過光譜分析和光度測量發現，A 和 C 都是密近雙星，而 B 是三合星。所以開陽星和輔星一共有七個星，北極星也是三合星。

星團

十幾到幾百萬個恆星所組成的集團，稱為星團。星團能明顯地分為兩類，一類叫做銀河星團，比較靠近銀道面，成員星從十幾個到幾百個不等。著名的昴星團，即七姊妹星團，就是一個銀河星團，肉眼只能看到六、七顆星，實際上成員星超過 280 顆。已發現的銀河星團約有 1,000 個。

另一類星團叫做球狀星團，成員星從幾萬個到幾百萬個，作球狀或扁球狀分布，越靠近中心，星越密集。銀河系內已發現的球狀星團有 125 個，估計銀河系中一共有 500 個左右。球狀星團在銀河系內的分布和銀河星團完全不一樣，不限於銀道面附近，而是到處都有，成大致球狀的分布。

星協

星協是一種比較特殊的恆星集團，很稀疏，很可能是由原來在一起的成員星散開而成。

星協分為兩類，一類叫做 OB 星協，主要由 O 型星和 B 型星組成，大致呈球狀分布，中部常常有銀河星團，數量 1 個到

7 個不等。已發現 6 個離我們較近的 OB 星協中，成員星都在向外運動，速度為每秒 10 公里左右，由此可以算出在幾百萬年前，這些星協的成員星曾聚集在一起，目前已發現的 OB 星協有 50 個；另一類星協叫做 T 星協，主要由金牛 T 型星組成，已發現的 T 星協有 25 個。T 星協與 OB 星協時常會在鄰近出現，如在獵戶座中部就有一個 OB 星協、4 個 T 星協與 4 個星團。

延伸閱讀 —— 彗星撞木星

1993 年 3 月，美國天文學家尤金與舒梅克夫婦（Eugeneand Carolyn Shoemaker）和李維（David H. Levy）發現了一個特殊的彗星，命名為舒梅克—李維 9 號彗星（Shoemaker-Levy9）。這個彗星原是一個整體，發現時早已破裂成 20 多個碎塊，一字排開，首尾延伸 16 萬公里以上，有人形象地稱它為「彗星列車」，或稱它是掛在太陽系脖子上的一串「項鍊」。發現彗星兩個月之後，美國哈佛—史密松天體物理中心（Harvard-Smithsonian Center for Astrophysics，縮寫為 CfA）的天文學家就做出了預報：舒梅克—李維 9 號彗星由於碎裂，改變了原來的運行軌道，正朝著木星的方向飛奔而去，並將於 1994 年 7 月下半接連撞擊木星。

這一樁前所未聞的特殊天象，又在一年多之前就做出了精確的預報，經過媒體的宣傳後，一下子引起了全球的轟動，各國人士都在期待一睹這千載難逢的宇宙奇觀。1994 年 7 月 17 日～ 22 日，舒梅克—李維 9 號彗星如期與木星相撞，共撞擊 12 次，撞擊點 18 個，彗星以自身毀滅為代價，在整個撞擊過程中釋放的全部能量，大約相當於 40 兆噸 TNT 炸藥（三硝基甲苯) 的能量。

對彗星撞擊木星事件的觀測，意義非常深遠，一方面使我們進一步認識木星，另一方面也提醒我們，地球也可能面臨這類碰撞的威脅，人類應該思考相關的有效對策。

恆星真的恆定不動嗎

古人認為恆星是固定不動的，所以被稱為「恆星」，但事實果真是這樣嗎？

8 世紀初，中國唐代傑出高僧天文學家張遂，把自己測量的恆星位置與漢代星圖相比較後，發現恆星並不是恆定不動的；西元 1717 年，英國著名天文學家哈雷（Edmond Halley）也使用自己觀測得到的南天星表，與 1,000 多年前的托勒密星表對比，結果也顯示恆星的位置是有變化的。

恆星的運動規律

既然科學已經證實恆星是運動的，那麼為什麼我們會感覺恆星的位置並沒有發生變化呢？因為恆星距離我們太遙遠了。

由於不同恆星具有不同的運動速度和方向，所以它們在天空中的相對位置也會發生變化，稱為恆星的自行

（propermotion）。而恆星的自行用每年多少角秒來表示，用來描述恆星每年移動的角度。

觀測結果表明，每一顆恆星的運動方向各不相同，向東、向西、接近太陽、遠離太陽。恆星的空間運動速度可以分為兩個分量：在人們視線方向的被稱為視向速度（radial velocity），恆星在這個方向上表現為向前或向後運動；與視線方向垂直稱為切向速度（tangential velocity），恆星在這一方向表現為向上或向下運動，而天文學家們根據都卜勒效應，即可判定恆星視線方向的運動。

但是，恆星真正的運動速度，並不能由自行速度來判斷，因為同樣的運動速度，距離較遠的恆星看起來就比較慢，而距離近的恆星看起來就會很快。所以，恆星的自行只能反映恆星垂直於視線方向的運動，也就是切向速度，而恆星實際的速度，應該是視向速度和切向速度的合成速度。

恆星的空間運動由 3 個部分組成：第一是恆星繞銀河系中心的圓周運動，反映銀河系自轉；第二是反映太陽參與銀河系自轉運動；而第三即是在扣除這兩種運動之後，實際上才是恆星本身的運動，也稱為恆星的本動（peculiar motion）。

在所有恆星中，自行速度很快的巴納德星，能達到每年 10.31 角秒，但一般的恆星自行要小很多，絕大多數都小於 1 角秒。

恆星的距離

前文提到了，恆星之所以一開始會被認為是不動的，是因為距離我們太遙遠。那麼，恆星距離地球到底有多遠呢？

我們知道，光速是 300,000km/s，所以光在一年當中所走過的距離大約有 10 兆公里，故天文學家就用光年作為測量天體距離的單位。

據測算，在距離太陽 16 光年以內的恆星有 50 多顆，其中最近的是半人馬座比鄰星，距太陽約 4.2 光年，大約是 40 兆公里。假如地球不繞太陽運動，那麼從地球上看同一顆恆星就不會有方向上的差異；假如地球繞太陽運動，由於地球在其軌道上位置的變化，所以從地球上觀測某一顆恆星時，就一定會產生方向上的差異，也就一定會有視差出現。實際上，它是相對於更遠的恆星有位移。

自哥白尼提出日心說後，很多人企圖觀測恆星的視差；但此後的三百年間，一直沒有人能夠成功測出恆星的周年視差，所以就有人開始懷疑哥白尼學說的正確性。一直到 1837 至 1839 年間，幾位天文學家終於測出了恆星的周年視差，這不僅為測量恆星距離提供了方法，同時也使哥白尼學說建立在更科學的基礎上。現在，已經用三角視差法測定了約 10,000 顆恆星的距離，這些恆星視差角都不超過 1 角秒。更遙遠的恆星視差角更是很小，確定它們的距離十分困難，只有用其他方法來測定，如分光視差法、星團視差法、統計視差法以及由造父變星的週期光度關係確定視差等。

1990 年代初，用照相方法已經測定 8,000 多顆恆星的距離；1990 年代中期，用衛星測量天體獲得了成功，在大約 3 年的時間裡，10 萬顆恆星的距離以非常高的準確度被測定。

相關連結 —— 恆星與行星的區別

恆星都是一些又大又熱的氣體球，還能自己發光，不過看上去也只是個小光點，因為它們離地球實在是太遙遠；而行星和恆星大不相同，絕大多數都不能自己發光，太陽系裡的行星之所以能成為天空中的亮星，就是靠反射太陽光。它們大都由固體的砂土、岩石構成，有山峰和溝渠，像地球一樣，只不過大都沒有水和河流，整個都是一片荒漠而已。

變星是怎麼回事

恆星終其一生，光度總是不斷變化，而變星則是指在不長時間（從幾十年、上百年到一天）內就可以看出其光度變化的恆星。太陽不是變星，因為人們從開始觀測它以來，尚未發現它的亮度有肉眼可見的變化。

變星的光度變化，是因為星體在進行著週期性的膨脹和收縮，即在「脈動」，脈動週期有短到只有一個多小時的，也有長到兩三年的，這類變星稱為脈動變星（pulsation variable）；另一類變星的光度變化很劇烈，有的在幾天之內，光度就猛增幾萬倍，這一類變星稱為爆發變星（eruptive variable）。

變星和天體史研究關係很密切，下面簡要描述一下三類脈動變星和三類爆發變星。

造父變星

造父變星是最著名的脈動變星，它的典型代表是仙王座星，因為中文名造父一，所以這類變星叫做造父變星。造父變星的光變幅（光度變化的幅度）從 0.1 到 2 星等，光譜型從 F 型到 K 型都有，光變週期從 1.5 天到 80 天。週期越長，光度越大。例如，週期 1.5 天的，絕對星等為 -2.1；週期 30 天的絕對星等為 -2.9。這個關係稱為周光關係，可以利用它來定出造父變星所在的那個天體系統（星團、星系）的距離，所以造父變星被稱為「量天尺」。近年來恆星演化研究中的一個重大發現，就是確定了脈動變星是恆星演化的一個階段。

天琴 RR 型變星

這種脈動變星和造父變星的不同在於：第一，光變週期較短，從 0.05 天（1.2 小時）到 1.5 天；第二，光譜型較早，都是 A 型；第三，光變幅較小，不超過半等；第四，光度較小。造父變星的絕對星等都等於或小於 -2.1，即光度為太陽的 590 倍以上，週期越長，光度越大。天琴 RR 型變星的絕對星等幾乎都是 +0.5，光度為太陽的 98 倍，彼此間光度的差別很小，因此天琴 RR 型變星也可以當作「量天尺」使用。因為知道了光度後，只要量出視亮度，就可以算出距離；第五，空間分布不一樣。造父變星集中於銀河系的赤道面（銀道面）附近，天琴 RR 型變星則大多離銀道面很遠。

蒭藁型變星

這種脈動變星的週期比前兩種長，從 80 天到 1,000 天不等；光譜型則較晚，大多是 M 型。光變幅較大，從 2.5 等到 8 等，典型星是鯨魚座 o 星。這個星中文名蒭藁增二，所以這類變星稱為蒭藁型變星。

上述三類脈動變星，至 1972 年以來，在銀河系內已累積發現分別有 706、4,433 和 4,566 個，估計在銀河系裡的總數分別為 5 萬、17 萬和 140 萬個。

新星

中國歷代史書裡有不少關於「客星」的紀錄，在某一星宿裡，突然出現了一顆原來沒有的星，就稱為「客星」，又稱「星孛」而最早在殷代甲骨卜辭裡就有這種記載。

在《漢書》和《文獻通考》中載有：「漢高帝三年七月有星孛於大角，旬餘乃入。」即於西元前 204 年出現一顆新星，「大角」是牧夫座 α 星；《漢書．天文志》又載：「漢元光元年六月客星見於房。」房宿是二十八宿之一，即天蠍座最右邊（蠍子頭頂）部分。這是西元前 134 年時出現於天蠍座的新星，而西方觀測到並記錄下來的第一顆新星就是這一顆。新星實際上並不新，而是很古老，是恆星演化到後期，由於某種原因爆發，並拋出大量物質，使光度在幾天內增加幾萬、甚至幾百萬倍，而後光度又緩慢下降；若爆發更猛烈，則就成為超新星。古書上記載的客星、星孛，大部分是彗星，其中只有 70 多顆是新星、超新星。

銀河系裡已發現的新星超過 170 顆，這還不包括幾種爆發沒有新星猛烈，但爆發不止一次的爆發變星。例如已發現了 10 顆再發新星，每過幾年到幾十年就爆發一次，光度增加幾十到幾百倍；還有雙子 U 型星，每幾個月就爆發一次，光度會增加幾倍到一百多倍。

超新星

超新星的爆發比新星猛烈很多，光度會增加上千萬倍到超過一億倍，達到太陽光度的十億倍以上。很多超新星爆發後完全瓦解為碎片、氣團，不再是恆星了，只有少數的超新星留下了殘骸 —— 質量比原來小很多的恆星，和在它周圍向外膨脹的星雲。金牛座裡的蟹狀星雲就是這樣一個天體，它也是目前科學家研究最深入的天體之一。在星雲的中心部分有一顆不太亮的恆星，它就是超新星爆發後的殘骸。星雲目前以每秒 1,300 公里的速度膨脹，超新星爆發時拋射物質的速度一般是每秒 10,000 公里左右（新星是每秒幾十、幾百、最多兩千多公里）。1972 年在一個銀河外星系裡出現的一個超新星，拋射物質的速度達到每秒 20,000 公里。

銀河系裡被人們觀測到並被記錄下來，確定為超新星的天體只有七顆，它們分別出現於西元 185 年、西元 393 年、西元 1006 年、西元 1054 年、西元 1181 年、西元 1572 年和西元 1604 年。其中西元 1054 年出現的，就是形成蟹狀星雲的超新星，宋代史書中對這顆超新星的出現也有詳細的記載。

此外，在銀河系裡有十幾個無線電輻射很強的天體，稱為無線電波源（astronomical radio source），它們有的只是星雲，有的是一組向四面八方飛奔的碎片，很可能是超新星的遺跡。估計銀河系平均每 50 年，就會出現一顆超新星。

金牛 T 型變星

這是到 1945 年才開始發現的一類變星，它有下列幾個特點：

第一，光度變化不規則，沒有固定的週期，光變幅也不固定，一般是兩三等；第二，光譜有發射線，其強度隨著光度變化。光譜的紫外波段和紅外波段的輻射比一般恆星強，強度也隨著光度變化；第三，在赫羅圖上，這類變星都位於主星序上方，集中於一條和主星序平行的帶內，從B到M型都有，F、G、K型較多；第四，這類變星周圍常伴隨著星雲；第五，這類變星常是成群出現；第六，在這類變星中鋰元素特別多。

相關連結——恆星的顏色和光譜型

除了亮度，恆星在顏色方面也有不同，如有一些亮星很紅，像火星一樣。著名的例子是獵戶座α星，(中文名參宿四)和天蠍座α星（中名心宿二，也稱大火，有時也稱商星)。獵戶座是冬季夜晚裡容易看到的星座，有7顆很亮的恆星。

古希臘人說，這個星座裡的亮星構圖像一名獵人。參宿四和參宿五是獵人的肩膀，中間三顆星是腰帶，下面兩顆星是膝蓋，腰帶下幾顆星是寶劍，獵戶座大星雲就在寶劍裡；天蠍座是夏季正南方天空中最顯著的星座，較亮的恆星組成了一條蠍子的形狀，頭上有各由三顆星組成的兩組星，連線互相垂直。水平方向的那三顆星中，中間那一顆就是星宿二，是星座中最亮的星。據說在上古的顓頊時代，人們就是靠觀星宿二的位置來定季節時令，並設有「火正」一職。

在獵戶座七顆亮星中，有六顆是藍白色的，只有參宿四是紅色的，很突出。在唐代詩人杜甫的〈贈衛八處士〉一詩中，開頭兩句便是「人生不相見，動如參與商」，其中參就是獵戶座，商就是天蠍座α星。據《左傳》記載，參和商是一對兄弟，由於結下冤仇，彼此誓不不見面，就如同這兩個星座在天空遙遙相對，每當天蠍座在西邊落到地平線下以後，獵戶座才由東邊升上來。

將太陽光分解為各種顏色的光，即得到了太陽光譜。太陽光譜於1666年就已經被發現，但人們直到1870年才開始拍攝、研究恆星光譜，並發現兩者的光譜相差很多。例如，參宿四的光譜和太陽的光譜相差很多，這兩個光譜又和牽牛星、織女星的光譜不一樣；但參宿四的光譜和心宿二的光譜卻很雷同。於是，人們很快就認識到：顏色相同的恆星，光譜也相同，顏色和光譜主要反映了恆星的表面溫度。就像把一塊鐵燒熱，燒到一定溫度就變成紅色；燒得更熱，就會由紅色變成黃色，然後白色、藍色，故藍星的表面溫度最高，紅星的表面溫度最低。

恆星能被分為O、B、A、F、G、K、M這幾個光譜型，這也是表面溫度從高到低、顏色從藍到紅的排序，各個光譜型又能被分為B0、B1、B2……B9十個次型。

星雲盤的形成和演化

在銀河系的盤狀部分（即銀盤），離銀河系中心3.3萬光年、離邊緣1.5萬光年處，星際瀰漫物質在約47億年前，曾集聚成一個比較大的星際雲，這個雲由於自吸引而收縮，雲中出現了湍渦流，後來這個雲碎裂為上千塊，其中一塊就是太陽系的前身。

形成太陽系的這個星際雲碎塊（下面把它稱為原始星雲），由於它是在渦流裡產生的，所以一開始就在自轉。其他碎塊也大多形成了恆星，它們幾乎都有自轉，自轉速度有快有慢，自轉軸的方向也多種多樣。所以，太陽過去是一個星團的成員，只是後來這個星團瓦解散逸了。

原始星雲

原始星雲的質量，比今天太陽系的總質量大一點，它一面收縮，一面自轉，由於角動量守恆越轉越快。赤道處的慣性離心力最大，因為離心力是一個排斥因素，它對抗了吸引，所以赤道處收縮得比較慢，兩極附近收縮得比較快，原始星雲便逐漸變扁。

原始星雲最初溫度很低，只有零下 200 多度，所以一開始收縮很快，在兩極附近，物質幾乎是向中心自由降落。原始星雲在收縮中釋放出大量重力位能，它轉化為動能、熱能，使得溫度升高；而相應地，雲的內部壓力增加，成為對抗自吸引的主要排斥因素。原始星雲的化學組成，就是星際物質的化學組成，也就是今天太陽外部的化學組成，氫最多，其次是氦，然後是氧、碳、氮、氖、鐵、矽、鎂、硫。取矽原子數目的相對含量為單位，原子數目的相對含量乘以原子量，就得到質量的相對含量。除了以上十種元素，其他元素的相對含量小得多，最多的元素按原子數目也不到硫的 1/5。

當溫度很低時，最豐富的元素氫，多以分子的形式存在，而當原始星雲收縮到內部溫度達 1,000 多度時，大部分的氫分子都會離解為氫原子，原始星雲就成為一個中性氫雲。當內部溫度進一步升高到一萬度時，大部分的氫原子都游離了，原始星雲就成為一個游離氫雲。

星雲盤的結構

原始星雲收縮到大致今天海王星軌道的大小時，由於角動量守恆，赤道處的自轉速度，已經大到離心力等於星雲本身對赤道處物質點的吸引力。這時，赤道尖端處的物質不再收縮，留下來繞剩餘的部分轉動，而淨空的塵端部分由上面、下面和裡面的物質補上。原始星雲繼續收縮，在赤道處進一步留下物質，這樣就逐漸形成一個環繞太陽旋轉的星雲盤，剩餘物質（實際上約占原來質量 97%）進一步收縮成太陽。整個星雲盤的形成只用了幾百年的時間。

在星雲盤開始形成以前，太陽已成為一個紅外星。原始星雲在收縮過程中，越靠近中心的部分，密度增加越快，星雲的中聚度（向中心密集的程度）隨著時間的流逝而快速增加。故星雲的中心部分占有總質量的絕大部分，最後形成了太陽。

星雲盤形成後，太陽開始進入慢引力收縮階段。那時候，太陽的自轉比今天快很多，磁場也比今天強幾百倍，內部存在著強烈的對流，能量從內部轉移到外部，主要就是靠對流。在今天，太陽活動主要也是由於較差自轉、磁場和對流這三個因素互相影響而產生的。在太陽的慢引力收縮階段，這三種因素都比今天強烈很多，所以太陽活動也比今天劇烈。在那個階段，太陽大量拋射物質，光度作不規則變化，在長達約 800 萬年的時期內，一直是一個金牛座 T 型變星。

太陽的引力和輻射，控制了整個星雲盤的結構。星雲盤裡離太陽越遠的地方，太陽的吸引力越弱，由於太陽的輻射到達那裡時已變得比較稀薄，所以溫度比較低。

星雲盤的厚度，主要取決於太陽吸引力垂直於赤道面的分量和氣體壓力之間的對比，前者使盤的厚度變小，後者使盤的厚度增加，兩者構成一對吸引－排斥矛盾。當與太陽的距離增加時，太陽引力的垂直分量就會比氣體壓力更快減少，星雲盤的厚度越往外面越大。由於星雲盤是裡面薄外面厚，又向上、下彎曲，所以太陽輻射可以從外面進入星雲盤的外層。

星雲盤剛形成時，外部的溫度為絕對溫度幾十度，內邊緣的溫度高到 2,000 度左右。當原太陽收縮到大致今天的大小以後，星雲盤的溫度降低，各處的溫度主要決定於太陽的光度和該處離太陽的距離，溫度值大致和距離的平方根成反比，和太陽光度的四次根成正比。在行星形成過程中，星雲盤外邊緣的溫度低於 100K，內邊緣的溫度低於 1,000K，具體數值隨著太陽光度和星雲盤透明度而變化。

星雲盤的演化

星雲盤的演化最重要的有兩個方面：一是化學組成的演化，二是塵粒的沉澱。

星雲盤物質的化學組成，一開始是和今天太陽外部的化學組成一樣的（太陽內部由於氫核融合，氫在減少，氦在增多），後來，由於各處溫度不同以及其他原因，裡外的化學組成才變得不一樣。

星雲盤由內到外可以分為三個區：類地區、木土區和天海區（包括冥王星）。最裡面的類地區，由於最靠近太陽，溫度最高。過一段時期以後，揮發性物質幾乎全部跑光，只剩下鐵、矽、鎂、硫等及其氧化物，這類物質稱為土物質。土物質占原來物質的 0.4%，也就是在類地區裡，原來的物質只保留下來千分之四，其餘的都離開了太陽系。

散逸的物質可以分為兩類：一類叫做氣物質，包括氫原子、氫分子、氦、氖，它們的沸點不超過 8K（零下 265 度），最容易揮發。氣物質按質量，占原來物質的 98.2%；還有一類叫做冰物質，包括氧、碳、氮以及它們和氫的化合物，占原來物質的 1.4%，在標準條件下，平均沸點約 255K，而土物質的沸點約為攝氏 1,000 多度左右。

如今，木星的氫含量約80%，氦含量約18%；土星的氫含量約63%；天王星和海王星的氫含量只有10%左右。在木土區，氣物質跑掉了一部分；而在天海區，氣物質卻跑掉了絕大部分，這裡溫度低，氣物質散逸，不是由於揮發，而是由於該區離太陽遠，太陽的吸引力微弱，逃逸速度小，氣體分子的熱運動速度有快有慢，熱運動速度快的分子，加上公轉速度就可以超過逃逸速度。所以，天王星和海王星主要是由冰物質組成，冰物質占2/3以上，土物質和氣物質合起來不到1/3。

天文觀測結果表明，星際物質和星雲，一般不僅有氣體，也包含一些塵粒。星際物質對星光有消光的作用，主要就是由於它裡面的塵粒散射了星光。按質量計，塵粒占星際物質的1.5%左右。星雲盤剛形成時，由於溫度較高，木土區的小冰塊都融化，連類地區土物質的塵粒也熔化了。只是到後來，隨著星雲盤的溫度降低，才在木土區重新凝固成小冰塊、在類地區凝聚出土物質的塵粒。而類地區由於溫度高，絕大部分的氣物質和冰物質（都是氣體）都散逸了。

塵粒的質量比氣體分子大，所以熱運動速度較小，在太陽引力垂直分量的作用下，塵粒將在氣體裡沉澱，向赤道面下沉。但是，氣體的摩擦力會阻礙這種下沉。於是，這裡又出現了吸引－排斥矛盾。在這裡，吸引是矛盾的主要方面，所以塵粒還是下沉，於是形成薄薄的一個塵層，行星就在塵層裡逐步形成。塵粒集聚成較大的固體塊，稱為星子。後來，星子逐步結合成為行星和衛星。在太陽系天體的形成過程結束以後，星雲盤物質的絕大部分不是歸入行星、衛星、小行星、彗星，就是散逸，星雲盤也就消失了。殘餘的物質則成為行星際空間裡的大大小小的流星體和行星際氣體。

延伸閱讀 —— 行星的形成

如今，地球和其他類地行星基本上是固態的，所以只能由固體質點和固體塊集聚形成。類地區裡由於溫度高，氣物質和冰物質絕大部分都揮發掉了；天王星和海王星也是固態的，但大部分是冰；木星和土星的核心部分，是由土物質和冰物質組成的固體，中部和外部是液態的，中部主要是金屬氫，外部主要是分子氫。

塵粒在星雲盤內氣體下沉時就已開始集聚了，它們一邊下沉，一邊集聚，這是行星形成過程的第一個階段。塵粒的集聚只能靠碰撞，塵粒之間有相對運動速度，包括熱運動和隨著氣體湍流的運動。如果兩塵粒大小差不多，相撞時可能碰碎，但也可能是一個塵粒和另一塵粒的部分（碎塊）結合起來。如果大小相差很多，那麼，碰撞的結果常會是較小塵粒的全部或一部分被較大的塵粒吃掉。當塵粒長大到不能再稱為塵粒而應當稱為星子時，大的星子遇到小的星子或塵粒，就更容易把它們吃掉，這個過程叫做碰撞吸積。由於運動和碰撞的隨機性，由塵粒形成的星子在大小方面可以相差很多。塵層形成後，由於密度增加，碰撞會更加頻繁，星子就長大得更快。那時，在今天每個行星所占據的區域裡總會出現一個最大的星子，這樣的星子便是行星的胚胎，稱為原行星（protoplanet）。而如果最大的星子在形成不久後被碰撞掉落了很大一部分，那麼原來第二大的星子就會升上來，成為原行星。

當原行星半徑大到 1,000 公尺左右時，它的質量就已經大到需要考慮它對星子的吸引了。在這以前，集聚只靠碰撞，只有星子碰到原行星時才會被吃掉；現在只要星子接近原行星到一定距離，它的運動方向就會由於原行星的吸引而彎曲，最終被原行星吃掉。原行星的生長主要靠重力，稱為重力吸積。在一段時期內，碰撞吸積和重力吸積都會發揮作用；之後，重力的作用便大大超過碰撞的作用，只需要考慮重力吸積了。

星子的平均半徑越大，空間密度（單位空間體積內星子的數目）就越小。由於星子運動的隨機性，從局部範圍看，星子的分布可以很不均勻，每個星子常會處於一個不對稱的重力場中，從而受到加速。所以隨著星子的變大，星子間的相對速度不是變慢，而是緩慢地提高。星子是由塵粒所組成，但原來的塵層已不能再稱為塵層，而應當改稱為吸積層。

在天海區裡，由於離太陽遠，太陽的吸引力微弱，氣體便逐漸逃逸了。氣體的逃逸是很慢的，但由於星雲盤裡離太陽越遠，物質越稀薄，所以天海區裡物質的密度比木土區和類地區都小得多，行星的形成很慢，所以當天王星和海王星大到足夠吸積氣體時，氣體已經跑光了。所以，天王星和海王星的體積和質量比木星和土星小，除大氣以外，且整個是固體，大部分是冰。

星星的種種顏色

在《史記．天官書》中，司馬遷提出了關於恆星顏色的記述：「白如狼，赤比心，黃比參左肩，蒼比參右肩，黑比奎大星。」意思是說，天狼星（大犬α）色白，心宿二（天蠍α）色紅，參宿（獵戶座）的左肩（獵戶α）和右肩（獵戶ξ）一個色黃，一個色蒼，而奎大星（仙女α）色暗。

古人對恆星顏色觀測實在是太精細了！那麼，恆星為什麼會有不同的顏色呢？

解開恆星顏色之謎

20 世紀初，愛因斯坦推導出了一個質能關係式，幫助天文學家解決了「恆星為什麼會發光」這個問題。原來，恆星內部的溫度高達攝氏 1,000 萬度以上，這時 4 個氫原子會開始核融合，從而產生 1 個氦原子核，同時放出巨大的能量。這種能量以輻射的方式由內傳到外，從恆星表面發射至太空，讓恆星得以總是閃閃發光。

光的本質是電磁波，如果以波長長短按順序排列，電磁波中有無線電波、遠紅外線、紅外線、可見光、紫外線、遠紫外線、X 射線、γ 射線等，而它們的各自性質也大不相同。

紅光波長在可見光中最長，而藍光波長最短。波長較短的光頻率較高，因為光子能量與頻率成正比，其光子能量也較高。按照物理學中的維恩位移定律（Wien's Displacement Law），如果發光體屬於「黑體」（不會反射任何波長的光，只發射連續波長的光的理想物體），那麼該發光體光強最大值處所在的波長，會隨著溫度的升高而變短，頻率也越高。恆星一般來說都被近似地被視為黑體。因此，恆星所呈現出的不同顏色，也就反映了了它們表面的不同溫度。比如，藍色的星星大約為 10,000K，溫度較高；而紅色的星星大約為 3,000K，溫度較低；黃色的星星大約為 6,000K，溫度居中，我們的太陽就屬於黃色的恆星。

如何測得恆星顏色

用目視的方法雖然能夠觀測到恆星的顏色，但不同的人觀察時，不可避免會帶有主觀隨意性，也就會產生差異很大的結果。而自從照相技術產生之後，很快被用於天文觀測，但就對不同波長光的靈敏度而言，照相底片與人眼有很大的不同，而且它不能直接分辨出光的顏色。天文學家為了解決這些問題，又在照相底片加上了某種特定顏色的濾光片，如只能通過波長在 5,500 埃附近的綠光「V」濾光片，和只能通過波長在 4,400 埃附近的藍光「B」濾光片等。經過濾光片後得到的星象，就成為呈現某種顏色的單色星象了。所以，由單色星象確定的星等如「B 星等」、「V 星等」等單色星等，也和由白光星象所確定的白色星等不同。

不過只有單色星等仍然不夠，因為有些距離遙遠的恆星，其單色星象很微弱，但其溫度不一定就很低。如果我們想要用單色星等表示恆星的溫度，可以假定 B 和 V 分別代表一顆恆星的 B 星等值和 V 星等值，定義 CT 等於 B 和 V 的比值，即 CT=B/V，那麼 CT 值在恆星溫度較高時就一定較大；在恆星溫度較低時也一定較小。據此，CT 被天文學家們稱為恆星的「色溫」。

由恆星的 B 星等值和 V 星等值還可以得到恆星的「色指數(CI)」，其等於 B 星等值和 V 星等值的差，即 CI=B-V。色指數也是一個可以直接表示恆星溫度，如此，透過觀測我們可以直接得到一顆恆星的 B 星等值和 V 星等值，也就可直接「觀測」恆星的溫度了。

點擊謎團 —— 星星為何會「眨眼」

星星閃爍，是因為星光要到達人眼之前，也必須先折射過好幾公里的大氣層。

地球的大氣層動盪不安，氣流與渦流隨時都處在形成、擾動與消散的狀態之中。就像透鏡與稜鏡一樣，這些流變會讓星光的位置每秒鐘改變好幾次；但像月亮因為體積巨大，這些偏移就會被平均掉。星星的距離要遠得多，形同點光源，所以星光快速地左右偏移，亮度也會閃爍不定，在地球上看起來像是星星在眨眼；至於如火星、金星與木星等看起來很亮的行星，距離地球就要近很多，從望眼鏡看來也像是個可以測量的圓盤，同樣也會將盤沿產生的閃爍平均，因此從這些星球發出的光也就不會有太大的變化。

行星為何會有光環

太陽系 8 大行星中，不僅土星，木星、天王星和海王星也都戴著光環，但土星在這 4 顆行星（戴著光環的）中，光環最為壯觀和奇麗。義大利天文學家伽利略首先發現了土星的光環，然而遺憾的是，直到伽利略去世，他也沒有釐清光環組成究竟是什麼。

其實，一般情況下，行星的光環是由冷凍氣體和塵埃共同構成，構成行星光環的物質微粒的大小決定了其色彩。由於構成行星光環的微粒體積不同，因而對白色太陽光的散射程度也有所不同，體積較大的微粒對太陽光的散射接近色譜紅色區域，而體積較小的微粒則靠近藍色區域。

最美麗的土星光環

蜂窩般的太空碎片、岩石和冰組成了土星光環，主要的土星環寬度從 48 公里到 30.2 萬公里不等，距離土星從近到遠的土星環，分別以被發現的順序命名為 D、C、B、A、F、G 和 E。在太陽系形成早期，宇宙塵埃和氣體包圍著太陽，最後才形成了土星和土星環。

從另一個角度來看，土星反而獨具手姿。當伽利略第一次觀察土星時，發現它的形狀有些獨特，好像球體的兩側還有兩個小球。經過繼續觀察，他發現漸漸很難看見那兩顆小球；終於到 1612 年年底時，兩顆球同時消失不見了。

其他天文學家也報告過土星的這種奇怪現象，但直到 1656 年，惠更斯才提出了正確的解釋：他認為，土星周邊環繞著一圈光環，又亮又薄，而且光環與土星不接觸。而與地球一樣，土星的自轉軸也是傾斜的，軸傾角是 26.73°，地球是 23.45°。由於土星的光環和赤道位於同一平面上，所以它對著太陽的同時，也對著地球傾斜，故不管土星運行到軌道哪一端，我們都只能看見光環近的一面，遠的一面仍被擋住了。

土星從軌道的一側轉到另一側，需要花費 14 年多，光環在這段時間內也逐漸由最下方移向最上方。光環行至半路時，正好移動到中間，這時我們觀察到光環兩面的邊緣狀如「一條線」連接在一起，隨後土星沿著另一半軌道繼續運行，繞回原來的起點，這時光環由最上方向最下方逐漸地移動，移到正中間時，我們又能看見其邊緣連接在一起。當光環狀如「一條線」時，就如同消失了一般，因為土星環實在是太薄了，而伽利略在 1612 年看到的正是這種情景；又據說由於過於懊惱，他就沒有再觀察過土星。

神祕的木星光環

行星際太空探測器的發射，使太陽系天體中許多前所未知的現象不斷被發現，其中的一個就是木星環的發現。「先鋒 11 號」探測器早在 1974 年訪問木星時，就在離木星約 13 萬公里處觀測到高能帶電粒子的吸收特徵；1977 年 8 月 20 日和 9 月 5 日，美國又先後發射了太空探測器「航海家 1 號」和「航海家 2 號」。「航海家 1 號」經過一年半的長途跋涉，穿過木星赤道面，這時在離木星 120 萬公里的地方，它用攜帶的窄角照相機拍到了木星環照片（亮度十分暗弱）。同年 7 月，後到達的「航海家 2 號」又獲得了有關木星環的更多資訊。

透過研究太空船所拍得的照片，已知木星環系主要由 3 個部分組成：亮環、暗環和暈。環的厚度不超過 30 公里，亮環寬 6,000 公里，離木星中心約 13 萬公里。暗環在亮環的內側，寬可達 5 萬公里，內邊緣幾乎與木星大氣層相接。亮環的不透明度很低，環粒只能接收大約萬分之一通過的陽光。靠近亮環的外緣有一個亮帶，寬約 700 公里，比環的其餘部分約亮十分之一，暗環的亮度只及亮度環的幾分之一。暈的延伸範圍很大，可達環面上下各 1 萬公里，在暗環兩旁延伸到最遠點，比起亮環，外邊界略遠一些。

與眾不同的天王星環

由於相對運動，遠方恆星有時會移動到如月亮、行星或小行星等太陽系天體的正後方，這種現象稱為掩星（occultation）。掩星發生時，如果近距天體不存在大氣，星光便會馬上消失；如果天體周邊有大氣，在完全消失前，星光會有一個略被減弱的過程。

1977 年 3 月 10 日，科學家發現了一次罕見天象 —— 天王星掩星，被掩的是一顆暗星。然而讓人意外的是，在預報被掩時刻前的 35 分鐘，小星出現了閃爍，換句話說，星光減弱然後馬上復亮，且這種閃爍連續出現了好幾次。這顆星結束掩星過程後，閃爍現象又會再次出現。經過仔細研究觀測結果，發現閃爍的原因，是歸根於王星環的存在。

在隨後的幾年裡，天文學家辨認出了 9 條光環，這些環都都不寬，基本上都不到 10 公里，其中最寬的一條環約 100 公里，叫 ε 環，而即使動用世界上最大的天文望遠鏡，也不能直接看到這些環，因為它們都很暗，所以雖然在本質上它們和土星光環並沒有區別，但天文學家卻不稱它們「光環」，而只稱它們「環」。

1986年1月24日，在探測天王星時，「航海家2號」不但證實了這些環的存在，還發現了2條新的環，這樣我們所知的王天星環達到了11條。這些環大多都是圓形，而且環與環之間的距離也比較遠，只有ε環是橢圓環。這些環有的偏紅，有的呈深藍色，環中的大部分物質是微小塵埃，也有拳頭和西瓜般大小的石塊，偶爾還有的像卡車那麼大，中間夾雜著一些冰屑。

毫無例外的海王星環

據1978年4月的美國雜誌《天空與望遠鏡》(*Sky & Telescope*) 的報導，1846年10月10日，有人用肉眼在60公分反射望遠鏡中觀察到海王星環，並且劍橋大學天文臺臺長查理斯 (James Challis) 在次年證實了這一說法，後者甚至得出結論，說環半徑為海王星半徑的1.5倍。但是因為後人在尋找海王星衛星的多次觀測中都沒有發現環，這件事也就不了了之。

1980年代，科學家們在發現天王星環的鼓勵下，開始試圖透過海王星掩星事件來尋找環，但對於有關幾次掩星觀測結果的解釋，卻沒有達成統一意見。有人報導發現了環，有人則說環是不存在的；還有人提出，即使報導發現環的觀測結果，也可以用其他原因否定環的存在。總之，海王星是否有環的問題，一時成了懸案。

1989 年 8 月，這一懸案終於有了答案。當飛近海王星時，「航海家 2 號」探測器發現海王星周圍塵面下隱藏有 3 個光環，且外光環呈明顯弧狀，很不平常，而且沿弧還有緊密積聚的物質。但是，我們至今仍不清楚有關海王星環系的具體情況，還需要科學家更多的探測與研究。

延伸閱讀 —— 小行星

太陽系內有的類似行星的天體雖然也環繞太陽運動，但體積和質量比行星小很多，這就是小行星。

至今為止，在太陽系內一共已發現了約 70 萬顆小行星，但這可能只是所有小行星中的一小部分，這些小行星只有少數有著大於 100 公里的直徑。據估計，小行星中直徑最大的也許也只有大約 1,000 公里，微型小行星大小則和鵝卵石差不多。約有 16 個小行星直徑超過 240 公里，它們的位置在地球軌道內側到土星的軌道外側的太空中，而絕大多數的小行星都集中在小行星帶（火星與木星軌道之間），其中一些小行星的運行軌道與地球軌道交叉，甚至有某些小行星還曾與地球發生過碰撞。

小行星是太陽系形成後的殘餘物質，推測認為，它們很可能是一顆行星的殘留物，在遠古時代，這顆行星曾遭遇過一次巨大的宇宙碰撞，並被摧毀；但從這些小行星的特徵來看，它們並不像曾經集結在一起，因為如果將所有小行星整合成單一天體，那它的直徑比月球的半徑還小，只有不到 1,500 公里。

太陽系中最大的行星 —— 木星

古人將木星其為「歲星」，它是離太陽遠近的第 5 顆行星，也是 8 大行星中最大的一顆。木星大到什麼程度呢？打個比方，如果木星是個中空的球體，那麼它的內部大約可以放入 1,300 顆地球！可見這顆行星有多巨大，古羅馬人稱木星為朱庇特（Jupiter，眾神之王，奧林匹斯山的統治者）。

木星的外觀

在木星表面上有紅、褐、白等五彩斑斕的條紋圖案，其大氣中的風向平行於赤道方向，因為區域的不同，西風及東風交互吹拂（這是木星大氣的一項明顯特徵）。大氣中含有極微的有機成分（甲烷、乙烷之類），而且有打雷現象，因而生成有機物的機率相當大。

南半球的大紅斑是木星表面最大的特徵，這個巨大的圓形漩渦位於赤道南側一個紅色卵形區域（長 2 萬多公里、寬約 1.1 萬公里）。人們從17 世紀中葉就開始觀測紅斑，不過時斷時續，直到 1879 年以後，人們才開始連續記錄，並發現它在某些年代，如 1879 ～ 1882、1893 ～ 1894、1903 ～ 1907、1911 ～ 1914、1919 ～ 1920、1926 ～ 1927，特別是在 1936 ～ 1937、

1961～1968、以及1973～1974年間，變得色彩豔麗和顯眼，在其他時間則相對黯淡，略微帶紅，甚至有時只有紅斑的輪廓。

大紅斑具體結構是什麼樣的？紅色的原因是什麼？什麼原因使它持續這麼長的時間？如果僅憑地面觀測，就很難深入了解這些問題。

木星的表面環境

曾經有人推測，有一個塵埃層或環在木星附近存在，但始終沒有能夠被證實。「航海家1號」於1979年3月考察木星時，拍攝到木星環的照片；不久，「航海家2號」又獲得了更多的關於木星環的情報，終於證實木星也存在光環。

木星光環的形狀像個厚度約為30公里、寬度約為6,500公里的薄圓盤，離木星12.8萬公里。光環被劃分為內外環，外環較亮，內環較暗，差不多和木星大氣層相接。光環的光譜型為G型，轉一圈約用時7小時，也環繞著木星公轉。

還有一層厚而濃密的大氣層包圍子在木星外面，大氣主要成分中80%以上是氫，其次是氦，約占18%，其它還有甲烷、氨、碳、氧和水氣等，但是總含量不足1%。赤道與兩極因為木星有較高的內部能源，故溫差不會大於3°C，所以木星上南北風也很小，主要是東西風，最大風速能夠達到130～150m/s。

稠密而活躍的雲系充滿了木星大氣，各式各樣顏色的雲層激烈翻騰，閃電和雷暴也可以在在木星大氣中被觀測到。因為木星的自轉速度較快，所以在它的大氣中能夠觀測到與赤道平行的、明暗交替的帶紋，其中向上運動的區域是亮帶，較低和較暗的雲則是暗紋。

木星的衛星

目前，我們已經知道，木星有 16 顆衛星，其中包括 4 顆大衛星（伽利略發現的）以及 12 顆小衛星。

伽利略衛星產生的潮汐力，正逐漸使木星的運動速度變慢。同樣，相同的潮汐力也使衛星的軌道改變，使它們與木星的距離越來越遠。由於潮汐力的影響，木衛一、木衛二和木衛三的公轉共動關係被固定為 1：2：4，並共同變化；木衛四也屬於這其中一個部分。木衛四在未來的數億年裡也將被鎖定，其運行的公轉週期是木衛三的 2 倍、木衛一的 8 倍。表 1-1 中，較小衛星的數值都是約值。

表 1-1 木星的衛星

木星衛星	距離（km）	半徑（km）	質量（kg）	發現者	發現年代
木衛一	422,000	1,815	8.94e22	Galileo	1610
木衛二	671,000	1,569	4.80e22	Galileo	1610
木衛三	1,070,000	2,631	1.48e23	Galileo	1610
木衛四	1,883,000	2,400	1.08e23	Galileo	1610
木衛五	181,000	98	7.17e18	Barnard	1892
木衛六	1,1480,000	93	9.56e18	Perrine	1904

木衛七	11,737,000	38	7.77e17	Perrine	1905
木衛八	23,500,000	25	1.91e17	Melotte	1908
木衛九	23,700,000	18	7.77e16	Nicholson	1914
木衛十	11,720,000	18	7.77e16	Nicholson	1938
木衛十一	22,600,000	20	9.56e16	Nicholson	1938
木衛十二	21,200,000	15	3.82e16	Nicholson	1951
木衛十三	11,094,000	8	5.68e15	Kowal	1974
木衛十四	222,000	50	7.77e17	Synnott	1979

木星擁有的衛星超過 61 顆，是太陽系中擁有最多衛星的行星，其中有 4 顆位於靠近內側的地方，體積非常大。從木衛一至木衛四依序為：埃歐（Io）、歐羅巴（Europa）、加尼美德（Ganymede）、卡利斯托（Callisto），最早由伽利略所發現，因而又稱為伽利略四大衛星。

延伸閱讀 —— 木星上有生命嗎

我們一直想知道，除地球外，在太陽系的其他諸天體中到底是否存在智慧生物？但目前我們仍無法肯定在這些天體中是否存在生命活動，即使是那些原始的微生物。除火星外，如今木星也被列入了「懷疑名單」。

之所以懷疑木星可能有生命存在，是因為它與地球的生態條件比較接近。只是，雖然這顆行星雖然是太陽系中體積最大的，但根本沒可供登陸的固態地表，而是由氣體構成，且大氣層中充滿了氫氣、氦氣、氨、甲烷、水氣，對於生命誕生來說，這樣的條件是極大的障礙。

隨著科學技術的進步，科學家們也研究了木星大氣層的成分，發現木星的大氣成分類似於早期形成的地球海洋物質。然而透過進一步的調查，人們又發現木星大氣層具有強烈的亂流，並且大氣下方的溫度非常高，而這種情況很難誕生生命。

科學家認為，在這種環境下可以產生生命的唯一辦法，就是在被燒焦之前複製新個體，並且透過氣流把後代送往大氣層中較高且寒冷的地方。這種極少的生命形態可以漂浮在大氣層外側，並透過覓食來獲得其生命活動的能量。

令科學家欣喜的是，透過美國「伽利略號」探測器所拍攝的照片，我們可以推測在木衛二的表面下可能藏著一片海域。如果這片海域的確存在，那麼裡面非常有可能存在生命現象。某些理論工作者據此假定，在木衛二的冰殼之下掩蓋了一片深達200 公里的液態水海洋，這一觀點將對下述推測進行進一步的論證：木衛二可能存在生命形態，它們類似於在地球深海溫泉處的有機體，富含礦物質，而且在水中繁衍生息。

水星上有水嗎

水星的英文名稱叫 Mercury，源自羅馬神話中眾神的使者墨丘利（對應希臘神話中的赫耳墨斯）。水星繞太陽轉一圈大約需要 88 天，是太陽系中公轉速度最快的行星。水星在希臘中的符號，下面是一個交叉的短垂線和一個半圓形，上面是一個圓形，也就是墨丘利手中魔杖的形狀。實際上，在西元前 5 世紀，水星一直被認為是 2 顆不同的行星，因為它經常交替出現於太陽的兩側。當它出現於黃昏時，它被稱作墨丘利；但當它出現在早上時，出於紀念太陽神阿波羅的目的，它又被稱作阿波羅。直到後來，畢達哥拉斯指出它們實際上是同一顆行星。

水星是否有水？

水星上不但沒有水，甚至上面一滴水都沒有，是一個絕對乾枯的星球！除了水星，古人也將水星稱為「辰星」。

水星面對太陽的一面，溫度極高，最高可達攝氏 400 度以上。這麼高的溫度，就是錫和鉛都會被熔化，更別說是水了！水星背向太陽的一面，由於長期見不到陽光，溫度相當低，最低可達零下 173 度，所以在這裡也絕對不會有液態水。

我們平時很難見到水星，這主要是水星與太陽之間角度的緣故。水星距太陽最近的距離約 4,500 萬公里，最遠距離可達 6,900 萬公里。從地球上看，它與太陽的最大角距離不超過 28°，讓人覺得水星彷彿總在太陽兩邊擺動。所以，水星幾乎經常被「淹沒」在傍晚或黎明的太陽光輝裡，我們只有在 28° 附近時才能看見它。據說，哥白尼去世前最遺憾的一件事就，是一生未曾見過水星。

科學界對水星的探索

水星圍繞太陽公轉的速度非常快，每秒鐘約 48 公里，因此只須 88 天就能繞太陽公轉一周，與那些繞太陽緩慢運行的遙遠行星相比，水星簡直就是在狂熱地繞著太陽跑。

在相當長的一段時期內，天文學家一直認為，水星的自轉週期跟公轉週期一樣是 88 天。但隨著天文學觀測水準的提高和儀器精密度的改進，天文學家最終測出了水星準確的自轉週期——58.646 天。原來，水星繞太陽公轉 2 圈，就等於繞其軸自轉了 3 周。據此推算，水星的公轉週期剛好是自轉週期的 1.5 倍。

1973 年 11 月 3 日，美國發射了「水手 10 號」行星探測器，這架行星探測器是迄今人類唯一造訪過水星的太空船。科學家們對太空船的回饋資料，分析發現：水星表面到處分布著大小不一的撞擊坑，和凹凸不平的盆地和坑穴。一些坑穴顯示，隕石曾多次撞擊水星的同一地點，這與月球表面的情況很像；但是，水星表面不同於月面，撞擊坑的直徑在 20 ～ 50 公里的不多，而月面上直徑超過 100 公里的撞擊坑很多。水星表面上到處有一些不深的、被稱為「舌狀懸崖」的扇形峭壁，與梯形斜坡相似，高度一般在 1 ～ 2 公里，長度約數百公里。科學家們認為，這種細小輪廓的產生，與早年由於行星內核狀態改變、產生收縮，外殼大面積產生的裂紋和移動有關。水星上還有一條大峽谷，長達 100 公里，寬達 7 公里，為紀念美國阿雷西博無線電天文臺（Arecibo Observatory）測出水星自轉週期的成就，科學家遂將其命名為「阿雷西博峽谷」。

此外，科學家們還發現水星向陽面和背陽面的溫差非常大，因為水星上的大氣比較稀薄，陽光的熱量長驅直入，在太陽的曝晒下，金星向陽面的溫度高達 427℃，而背陽面溫度卻低到 -170℃，因此說明金星上不存在一滴水。水星的質量比地球的質量小，它的地心引力只有地球的 3/8，所以它表面上的物體只要速度達到 4.2km/s，就會飛離金星。

水星還有一個全球性的磁場，強度約為地球磁場 1/100，這表明它很可能也有一個高溫液態的金屬核。根據水星的質量和密度數值，科學家推算應有一個直徑約為水星直徑 2/3、的鐵鎳內核在其內部。

然而，關於水星更加具體的情況，至今仍有許多不明之處為人類所不了解。但我們相信，水星的謎底在不久的將來一定會被徹底揭曉。

小知識 —— 水星之最

在太陽系的 8 大行星中，水星有了哪些「最」紀錄：

→ 距離太陽最近：水星和太陽的平均距離是 5,790 萬公里，約為日地距離的 0.387，是最靠近太陽的行星。

→ 軌道速度最快：由於水星與太陽距離最近，所以受到太陽的吸引力也最大，它的軌道速度比任何行星都快，為 48 km/s，比地球的軌道速度要快 18km/s。依照這個速度，15 分鐘就能環繞地球一周。

→ 一「年」時間最短：地球繞太陽公轉一圈是一年，而「水星年」卻是太陽系中最短的年，它繞太陽公轉一周只需要 88 天，還不到地球上 3 個月的時間。

→ 一「天」時間最長：在太陽系的眾多行星中，水星「年」時間最短，但「日」時間卻比其他行星長。水星上的一天（水星自轉一周）的時間將近地球上的 2 個月（為 58.65 地球日）。在水星上的一年裡，只能看到 2 次日出和 2 次日落，那裡的一天半就是一年。

→ 表面溫差最大：因為沒有大氣的調節作用，距離太陽又最近，因而在太陽的曝晒下，向陽面的溫度最高可達 400℃，但背陽面的夜間溫度可低至 -160℃，晝夜溫差將近 600℃。

→ 衛星最少：如今太陽系發現了越來越多的衛星，但只有水星和金星是衛星數量是最少的，或者說根本就沒有衛星。

金星為何被稱作啟明星

在神話傳說裡，有一名叫「太白金星」的神仙，其實就是金星的化身；而在歐美等國家，它的名字源於羅馬神話中的愛與美神維納斯（Venus）。既然人們賦予金星這麼多人性化的符號，那它究竟是一顆怎樣的星球呢？

全天空最亮的星星

金星是天空中最明亮的一顆星星，晚間在西方天空閃爍時，被稱作「長庚星」；早上在東方天空出現時，被稱作「啟明星」。

金星與太陽的平均距離約為 1.08 億公里，與時間太陽的角距離為 47° ～ 48°，人們之所以能夠經常望見它，主要是由於它大部分時間與太陽的角距離較大。夜晚，除了月亮以外，其他所有星星都比不上它的亮度。由於金星有銀白色的、像金剛石的閃光一樣從中發出，因此它在中國素有「太白」的稱謂。

科學家探索發現，金星如此明亮的原因，主要與其周圍大氣層的濃厚有關，大氣反射了照在它上面的近 75% 的太陽光。

金星離地球最近的距離平均為 4,000 多萬公里。人們經常將金星視為地球的孿生兄弟，因為它的大小、質量和密度都與地球相差不多。

金星的公轉週期約為 225 天，但自轉週期為 243 天，竟然還要長於它的公轉週期！此外，金星的自轉方向是逆時針，確切地講，它的自轉方向由東向西，在金星上看太陽是西升東落，這就更讓人驚奇了。金星上晝和夜（一天）的時間遠遠長於地球，從大小上說，在那裡看到的太陽，約是我們所見到太陽的 1.5 倍。

金星有濃厚的大氣層，但用望遠鏡看，金星只是一個混沌不清的淡黃色圓面，在大氣的籠罩下，根本無法識別它的真面目。人們現在所掌握的金星表面及其大氣等資訊，主要來自太空飛行探測的結果。

對金星的探索

自 1961 年以來，蘇聯和美國先後向金星發射的探測器約有 30 多個，獲得了大量的研究成果。1970 年 8 月 17 日，蘇聯的「金星 7 號」無人探測器，成功實現了對金星表面著陸探測，測量出金星溫度高達 480°C，表面氣壓為 100 個大氣壓。往後，蘇聯還有多個探測器都在金星表面成功地軟著陸。1989 年 5 月，美國發射了「麥哲倫號」探測器，對金星進行長達 5 年的太空探測，並取得了更多的研究成果。

分析對金星的探測結果，我們知道金星濃厚的大氣層幾乎全部由二氧化碳組成，因此它具有強大的溫室效應。其高層大氣中的二氧化碳濃度達 97%，低層處更是高達 99%。由許多太空船發回的照片來看，金星的天空帶有橙色，大氣中存在著激烈的湍流，還有猛烈的雷電現象，有人推算金星上的風速甚至可高達 100m/s。更讓人驚奇的是，厚厚的濃雲籠罩在金星表面上 30 ～ 70 公里的高空，雲中還有具有腐蝕作用強、濃度很高的硫酸霧滴。

金星的地貌

金星上火山密布，可謂是太陽系中擁有火山數量最多的行星，已發現的大型火山和火山特徵多達 1,600 處。除此之外，還有無數的小火山，沒有人計算過它們的數量，估計總數要超過 10 萬，甚至上百萬。

金星上的火山造型各異，除了比較普遍的盾狀火山之外，還有許許多多複雜的火山特徵和特殊的火山構造。目前為止，科學家尚未發現金星上有活火山，由於研究資料的缺少，因此儘管大部分金星火山早已停止噴發，仍不排除小部分依然有活躍的可能性。

金星地表並沒有水，空氣中也沒有水分，硫酸是其雲層的主要成分，而且比地球雲層的高度要高得多。由於大氣高壓，金星上的風速也比較緩慢。換句話說，金星地表既不會受到風的侵蝕，也不會有雨水的沖刷，所以金星的火山特徵能夠清晰地保持相當長的一段時間。

金星上沒有板塊構造，沒有線性火山鏈，也沒有痕跡明顯的板塊消亡地帶，雖然金星上峽谷縱橫，但沒有哪一條看起來像地球的海溝。

種種跡象表明，金星火山的噴發形式也比較單一。已經凝固的熔岩層顯示，大部分金星火山噴發時只是流出熔岩流，沒有劇烈爆發、噴射火山灰的痕跡，甚至熔岩也不像地球熔岩那樣泥濘黏質。這種現象很容易理解。由於大氣高壓，爆炸性的火山噴發，熔岩裡需要有大量的氣體成分。在地球上，促使熔岩劇烈噴發的主要是水氣，而金星上缺乏水分。另外，地球上絕大部分黏質熔岩流和火山灰噴發，都發生在板塊的消亡地帶。因此，板塊消亡帶的缺乏，也大大降低了金星火山猛烈爆發的機率。

金星表面最高的馬克士威山位於其北半球，高度達 12 公里，遠遠高於珠穆朗瑪峰，在南半球赤道附近與赤道平行的地方，還有一座阿佛洛狄忒高原（Aphrodite Terra）；還有一處橫跨赤道的大高原，長約 10,000 公里，寬約 3,200 公里。有些探測器成功地在金星上的自動鑽探、取樣和分析任務，因此人們知道金星表面遍布玄武岩。

相關連結 —— 金星凌日

由於水星和金星都是位於地球繞日公轉軌道以內的「地內行星」，因此，當金星運行到太陽和地球的間隙時，我們就能看到在太陽表面有一個小黑點緩緩穿過，這種天象被稱之為「金星凌日」。天文學往往把相隔時間最短的兩次「金星凌日」現象分為一組。這種現象出現的規律通常是 8 年、121.5 年，8 年、105.5 年，並以此循環。根據天文學家的測算，最近的一組金星凌日時間分別是 2004 年 6 月 8 日和 2012 年 6 月 6 日。這主要是由於金星繞太陽轉 13 圈後，正好與圍繞太陽運轉 8 圈的地球再次相靠近，並處於地球與太陽之間，而這段時間等於地球上的 8 年。

19 世紀，天文學家就透過「金星凌日」搜集到了大量的資料，成功地測量出了日地距離為 1.496 億公里（稱為一個天文單位)。人們只需用 10 倍以上倍率的望遠鏡，即可清楚地看到金星的圓形輪廓，40 ～ 100 倍率左右的望遠鏡則可以觀測效果最佳。雖然觀測「金星凌日」的難度不算很高，但天文專家提醒，在觀看時千萬不要直接用肉眼、普通的望遠鏡或照相機觀測，而要戴上合適的濾光鏡，同時觀測時間也不能太長，以免傷到眼睛。

希臘神話中的「戰神」火星

在希臘，火星被稱為戰神（Mars，希臘人曾把火星作為農耕之神來供奉，而希臘人好侵略擴張，把火星作為戰爭的象徵），這或許是由它顏色鮮紅而得名，所以火星有時被稱為「紅色行星」，而 3 月的英文「March」也是得自於火星。

火星，古稱「熒惑」，這是因為火星呈紅色，螢光像火，亮度常有變化；而且在天空中運動情況複雜，令人迷惑，有時從西向東，有時又從東向西，有「熒熒火光，離離亂惑」之意。火星在史前時代就已為人類所知，又由於它被認為是除地球外，太陽系中人類最佳的住所，因而也受到科幻小說家們的喜愛。

可惜的是，羅威爾（Percival Lawrence Lowell）所「看

見」的那條著名的「運河」以及其他一些什麼，卻都像《火星公主》(*A Princess of Mars*) 中的 Barsoomian 公主們一樣，僅僅是虛構的。

對火星的探索

1877 年，透過米蘭天文臺 24 公分口徑的天文望遠鏡，義大利天文學家斯基亞帕雷利（Giovanni Virginio Schiaparelli）觀測火星，發現火星表面上有暗線條規則的分布。當時，火星正處於「大衝」時期，此時的火星在軌道近日點附近與地球會合，距地球最近。這些暗線寬 120 公里，有的長 4,800 公里，縱橫交錯，成網路之狀。斯基亞帕雷利猜測，這可能是天然的分割大陸、連接海灣的水道，因此他將它們命名為「溝渠」；但是譯成英文時，這一結果卻被誤譯成「運河」。

隨著天文觀測技術的發展越來越精細，人們用望遠鏡觀察發現：被當做「運河」的一條條連續的暗線，實際是由許多形狀不規則的、孤立的暗斑組成；1971 年 11 月，美國的「水手 9 號」探測器對火星的全部表面拍攝了高解析度的相片。照片顯示，火星表面有許多地質構造類似河床，這種「河床」的形成很明顯離不開像水等易流動的液體，毫無疑問，它們只是一些天然河床。

1990 年代以後，科學家們對火星的認識進一步加深，「火星探測者」和環火星探測器也拍攝了大量的照片。在分析研究這些珍貴的資料後，科學家發現，在一些峽谷底部有乾涸的「水塘」痕跡和巨型卵石。這些痕跡明顯地被洪水沖刷過，因此，科學家們認為 38 億年前，火星上確實曾經有過洶湧的洪水。

火星的地理地貌

火星和地球一樣，擁有多樣的地形，有高山、平原和峽谷。南北半球的地形對比強烈：北方是低原，被熔岩填平；南方則是古老高地，充滿隕石坑，而兩者之間以明顯的斜坡為界。火山地形穿插其中，眾多峽谷亦分布各地，南北極則有極冠，由乾冰和水冰組成，整個星球廣布風成沙丘。而隨著越來越多的衛星拍攝，發現了更多耐人尋味的地形景觀。

和地球不同，火星的火山除重力小使山能長的很高之外，還缺乏明顯的板塊運動，使火山分布不像地球有火環的構造，而是以熱點為主。火星的火山主要分布於塔爾西斯高原與埃律西姆地區上，南方高原上也有零星分布，例如希臘平原東北的泰瑞納山。在大火山之間也有零星的小火山。

火星上還有峽谷，除了水造成的之外，有的是由火山活動形成的。由水造成的又可能是洪水短時間沖刷成的、穩定的流水侵蝕成的，或由冰河侵蝕而成；而火山活動所噴發的熔岩流，也可造成熔岩管道。

水在火星的低壓下無法以液態存在，只短暫存在在低海拔區；水冰倒是很多，如兩極冰冠。科學家推論，在厚厚的地下有更大量的水冰，只有當火山活動時才有可能釋放出來。史上最大的一次是在水手谷形成時，大量水釋出造成的洪水刻劃出眾多的河谷地形，流入克律塞平原（Chryse Planitia）。

2008 年 6 月 20 日，「鳳凰號」發現了火星上有冰存在的直接證據：「鳳凰號」挖掘發現了 8 粒白色物體，當時研究人員揣測，這些物體不是鹽就是冰；而 4 天後，這些白粒就憑空消失，代表這些白粒昇華了，證明了這些白色物體就是冰。

2008 年 7 月 31 日，美國 NASA 科學家宣布：在「鳳凰號」探測器加熱火星土壤樣本時，發現有水蒸氣產生，也有可能是被太陽烤乾了，從而最終確認火星上有水存在。

火星上的沙塵暴

火星上也刮沙塵暴？當然，而且還非同尋常。地球上的颱風在我們感覺起來已經很大了，可與火星上的風暴相比，簡直就是小巫見大巫。我們通常所說的 12 級颱風，風速達到 32.6m/s，而火星上的風速能超過 180m/s ！而且，一旦火星沙塵暴刮起來就沒完沒了，每年至少有 3 個月，火星都是被籠罩在漫天飛舞的紅沙之中，從地球上望去，就像一個暗紅色的燈籠。

如果用望遠鏡觀測，有時我們還能看到火星的黃雲，且黃雲大小和形狀不斷變化，這就是火星的塵暴。人們很早就發現，一到春夏之交，在火星的南半球上就會發生大規模塵暴，黃雲在幾天之內由小變大，由弱變強，用不了幾個星期，就覆蓋了整個南半球，有時還會形成全球性的大塵，蔓延到北半球。塵暴持續的時間至少是幾個星期，規模大時可持續幾個月之久。

1971 年 8 月，「水手 9 號」太空船開始奔向火星金星探測，這時火星上的天氣還不錯。然而「水手 9 號」一個多月後正走在半路上時，火星就出現了塵暴的跡象；11 月，「水手 9 號」到達火星附近時，火星表面什麼也看不見，風塵滾滾，而且一刮就是 3 個月。雖然「水手 9 號」對火星無所作為，但就近探測了火星的 2 顆衛星後，也準確地測定了它們的形狀和大小。

局部的小塵暴在火星上年年都有，差不多每隔 10 多年就發生一次特別厲害、席捲全火星的塵暴。據天文學家估計，每次大塵暴時，覆蓋在火星南半球上的塵埃達 1,000 萬噸到 10 億噸。塵暴的形成與空氣稀薄、地形、公轉軌道等有關，是火星上獨有的現象。

點擊謎團 —— 火星上有「火星人」嗎？

2000 年，美國在南極洲發現了一塊碳酸鹽隕石火星隕石，編號為 ALH84001。NASA 聲稱，在這塊隕石上存在一些類似微體化石結構，有人認為這可能可以證明火星存在生命；但也有人認為，這種礦物晶體只是自然生成的。

有證據表明，火星曾比現在更適於生命的存在，但目前還不能提出確切的結論。某些研究者認為，ALH84001 隕石可以證明火星過去存在生命活動，但這一看法至今也未得到公認；另有反對的觀點認為，自從該隕石幾十億年前產生以來，它從未於液態水存在的溫度下長期存在，因而也不可能曾有生命活動。

「維京號」曾做實驗，檢測火星土壤中可能存在的微生物。實驗限於維京號的著陸點，結果呈陽性，但隨後即被許多科學家所否定，現在這種爭議仍在進行中。現存生物活動也是火星大氣中存在微量甲烷的解釋之一，但通常人們更認同其它與生命無關的解釋。

將來人類如果對外星移民，由於火星的友善條件（與其他行星相比，火星最像地球），它很可能是我們的首選地點。

最美麗的行星 —— 土星

在太陽系的所有行星中，土星的光環最惹人注目，它使土星看上去就像戴著一頂漂亮的大草帽。觀測表明，構成土星光環的物質是碎冰塊、岩石塊、塵埃、顆粒等，它們排列成一系列的圓圈，時刻圍繞著土星旋轉。

土星運動遲緩，因而人們也將它看做掌握命運和時間的象徵，在希臘神話中，它被稱為第二代天神克羅諾斯（Cronus，宙斯之父），其在推翻父親烏拉諾斯之後，才登上了天神寶座。中國古代稱土星為「填星」或「鎮星」，因為土星公轉大約以 29.5 年為一個週期。中國古代有 28 宿，土星幾乎是每年在一個宿中，意思是可以「鎮住」或「填滿」該宿，所以得名。

無論東方還是西方，人們都把土星與農業聯繫在一起，在天文學中，表示土星的符號就像是一把主宰著農業的大鐮刀。

土星的基本特性

在 1781 年發現天王星之前，人們曾認為離太陽最遠的行星是土星。土星具有很多衛星，到 1978 年為止，已發現並證實有 10 個衛星，以後又陸續有人提出新的發現。

土星有很多地方像木星，比如它與木星同屬於巨行星，質量是地球的 95.18 倍，體積是地球的 745 倍；在太陽系 8 大行星中，土星的大小和質量占第二位，僅次於木星；而土星像木星一樣，被很多的衛星所拱衛，並被色彩斑斕的雲帶繚繞。

土星的平均密度比水還小，只有 0.7g/cm^3，是 8 大行星中密度最小的一顆。如果把它放在水中，它會浮在水面上。土星的半徑大而密度低，這使其表面的重力加速度和地球表面相近，甚至在衝日時，它的亮度堪比天空中最亮的恆星。由於光環平面與土星軌道面不重合，而且在繞日運動中，光環平面方向保持不變，所以土星光環的視面積從地球上看是不固定的，從而也影響到了土星的視亮度。當土星光環視面積達到最大時，土星就顯得亮一點；當光環平面與視線正好重合時，土星便顯得暗一點，光環呈現為一條直線，二者之間的亮度大約相差 3 倍。

土星繞太陽公轉的軌道是橢圓的，軌道半徑約為 14 億公里。在近日點時和在遠日點時，它與太陽的距離相差約 1.5 億公里，繞太陽公轉的平均速度約為 9.64km/s，公轉一周約 29.5 年。土星的自轉很快，但自轉的速度卻會隨緯度改變，而這種速度差比木星還大。其自轉週期在赤道上是 10 小時 14 分鐘；但在緯度 60° 處則變成 10 小時 40 分鐘。這就是說，在土星的赤道上，一個晝夜只有 10 小時 14 分鐘。

土星也有四季，不過每個季節的時間要長達 7 年，而且即使是夏季也極其寒冷，因為它離太陽實在是太遙遠了。

土星的家族

土星衛星到目前為止已被確認的共 23 顆，土衛十五距土星最近，它與土星的距離僅為衛星到土星中心的 2.29 個土星半徑，為 13.7 萬公里，公轉週期為 0.601 天，半徑只有 15 公里；最遠的是土星九，距土星中心為 216 個土星半徑，平均距離約 1,293 萬公里；土衛八的軌道面與土星赤道面有 7° 52′的夾角，屬於不規則衛星；土衛九屬於不規則衛星，其軌道面與上星赤道面有 175°的夾角逆行，軌道離心率達 0.163。其餘衛星均為規則衛星。有趣的是，土衛四和土衛十二、土衛十和土衛十一，都是兩兩在同一條軌道上；而土衛三、土衛十六和土衛十七三星同居一軌道。根據太空船發回的資料，沒有發現這些衛星上有痕跡表明火山活動。

土衛六是天文學家最關注的衛星之一，荷蘭天文學家惠更斯（Christiaan Huygens）於 1655 年發現了它。土衛六長期以來一直被認為是體積最大的衛星，也是太陽系衛星中唯一擁有大氣的，大氣成分主要是甲烷。由於它的表面溫度沒有很低，因而人們過去認為在它上面可能存在生命；但「航海家 1 號」發回的資料，卻表明土衛六的直徑只有 5,150 公里，並非太陽系中最大的衛星，小於木衛三的直徑（5,262 公里），它還有一個液態的表面和一層稠密的大氣層，大氣層至少厚 400 公里，甲烷成分不到 1%，氮占 98%，還有少量的乙烷、乙烯及乙炔等氣體。

土衛六的表面溫度在 -181℃～ -208℃之間，液態表面下還有一個冰幔和一個岩石核心。到目前為止，太空船還不曾發現上面存在生命現象，土衛六軌道附近還有一個氫雲。

天文學家從「航海家號」發回的資料發現，除土衛六外，土星的其他衛星都比較小，在寒冷的表面上都有疤痕像破碎的蛋殼，是由隕擊所造成的。土衛一表面上有一個隕石坑直徑達 128 公里；土衛二有著隕石坑、荒涼的平原和斷皺的山脊；土衛三上有一個裂谷，長約 800 公里，又深又寬；土衛四表面有稀疏而明亮的條紋，它們都環繞著隕石坑，詳見表 1-2。

表 1-2 土星的衛星

衛星	距離（km）	半徑（km）	質量（kg）	發現者	發現年代
土衛一	186,000	196	3.80e19	Herschel	1789
土衛二	238,000	260	8.40e19	Herschel	1789
土衛三	295,000	530	7.55e20	Cassini	1684
土衛四	377,000	560	1.05e21	Cassini	1684
土衛五	527,000	765	2.49e21	Cassini	1672
土衛六	1,222,000	2575	1.35e23	Huygens	1655
土衛七	1,481,000	143	1.77e19	Bode	1848
土衛八	3,561,000	170	1.88e21	Cassini	1671
土衛九	12,952,000	110	4.00e18	Pickering	1898
土衛十	151,000	89	2.01e18	Dollfus	1966
土衛十一	151,000	57	5.60e17	Walker	1980
土衛十二	377,000	16	?	Laques	1980
土衛十三	295,000	15	?	Reitsema	1980
土衛十四	295,000	13	?	Pascu	1980
土衛十五	138,000	14	?	Terrile	1980
土衛十六	139,000	46	2.70e17	Collins	1980
土衛十七	142,000	46	2.20e17	Collins	1980
土衛十八	134,000	10	?	Showalter	1990

延伸閱讀 —— 土星的六角星雲

在研究「航海家 2 號」發回的土星照片時，美國國立光學天文臺的科學家們發現了一個奇怪的現象：在土星的北極上空有個雲團，呈六角形。這個雲團按照土星自轉的速度，以北極點為中心旋轉。

事實上，「航海家 2 號」並沒有直接拍到土星北極的六角形雲團，因為「航海家 2 號」並沒有直接飛越土星北極上空。但在土星周圍繞行時，它拍下了土星各個角度的照片。把那些照片合成以後，天文學家們才看清了土星北極上空的全貌，那個六角形雲團也才被發現了。土星北極上空六角形雲團的出現，促使科學家們不得不重新認識土星。

天文學世界的恩寵 —— 天王星

天王星是太陽系的第 7 顆行星，在太陽系的體積是第三大（比海王星大），質量排名第四（比海王星輕）；天王星也是第一顆在現代發現的行星，雖然它的光度與 5 顆傳統行星一樣，亮度是肉眼可見的，但由於較為黯淡，而未被古代的觀測者發現。

天王星的發現與命名

在被發現是行星之前，天王星已經被觀測了很多次，但它早被當做恆星來看待了。最早的紀錄可以追溯至西元 1690 年，在星表中，約翰．佛蘭斯蒂德（John Flamsteed）將他編為金牛座 34，並且至少進行了 6 次觀測。1750 至 1769 年，法國天文學家 Pierre Lemonnier 也至少觀測到了 12 次天王星，包括一次連續 4 夜的觀測。

發現星空

西元 1781 年 3 月 13 日，在他位於索美塞特巴斯鎮新國王街 19 號自宅的庭院（現為赫雪爾天文博物館）中，威廉．赫雪爾（William Herschel）觀察到這顆行星，但在 1781 年 4 月 26 日最早的報告中，他將之稱為彗星。透過他自己設計的望遠鏡，赫雪爾對這顆行星進行了一系列視差的觀察，並記述到：「在與金牛座ζ成九十度的位置……有一顆星雲樣的星或者是一顆彗星。」「我找到一顆彗星或星雲狀的星，並且由它的位置變化發現是一顆彗星。」而當他將自己的發現提交給皇家學會時，雖然學會委婉地表示那比較像行星，但赫雪爾仍然聲稱是發現了彗星。

然而，當赫雪爾繼續以「彗星」稱呼他的新對象時，其他天文學家已經表示懷疑了。蘇聯天文學家 Anders Johan Lexell 估計：這顆星球至太陽，是地球至太陽的距離的 18 倍，而在地球至太陽距離 4 倍的在近日點距離之外，從來沒有觀測到彗星；柏林天文學家約翰．波德（Johann Elert Bode）描述赫雪爾的發現像是「在土星軌道之外的圓形軌道上移動的恆星，可以被視為迄今仍未知的、像行星的天體」。波德斷定，這個以圓軌道運行的天體，比彗星更像一顆行星。

很快，這個天體便被接受為一顆行星。1783 年，法國科學家拉普拉斯（Pierre-Simon Laplace）證實，赫雪爾發現的的確是一顆行星，而赫雪爾本人最終也承認了這個事實。他向皇家天文學會的主席約瑟夫．班克斯（Joseph Banks）說：「經由歐洲最傑出的天文學家觀察後所發表的這顆新行星，由我很榮譽地在1781年3月指認出，而它是太陽系內主要的行星之一。」為此，威廉．赫雪爾被英國皇家學會授予科普利獎章（Copley Medal）。

為了尊崇它的發現者，有天文學家建議將這顆行星稱為「赫雪爾」；但是，波德認為，Cronus（土星）是Jupiter（木星）的父親，新的行星應稱為Cronus的父親Uranus。最早天王星名稱出現在官方檔中，是在赫雪爾過世一年之後的1823年；而直到1850年，HM航海曆才改用天王星的名稱。

行星的命名多取自希臘羅馬神話，在天文學中，天王星的符號是Astronomical symbol for Uranus，象徵綜合了火星和太陽的力量，而它在占星學上的符號，則取自於Lalande在1784年的建議。

天王星的物理特性

天王星主要組成元素為氫（83%），其次為氦（15%）主要由岩石與各種成分不同的水冰物質所組成。天王星不像土星與木星那樣，有著岩石內核，金屬分布在整個地殼之內，呈現為一種比較平均的狀態。而因為天王星的甲烷大氣吸收了大部分的紅色光譜，所以它的表面呈現海藍色。

天王星的質量，是類木行星中質量最小的，大約是地球的14.5倍，密度只比土星大一點，為1.29g/cm^3，雖然直徑與海王星相似，但質量較低。這些數值顯示，天王星主要由如水、氨和甲烷各式各樣沸點低的物質所組成。

天王星的標準模型結構包括3個層面：中心的岩石核，中間的冰地函，最外面的氫/氦外殼。相較之下，核只有0.55地球質量，非常小，半徑不到天王星的20%；地函質量約為地球的13.4倍，是個龐然大物；而相對上最外層的大氣層則不明確，大約擴展占有剩餘20%的半徑，但質量大約只有地球的0.5倍。

天王星的內部溫度看上去明顯低於其他類木行星，在天體中也屬於低熱流量。目前，我們仍不知道天王星內部為何會有這樣低的溫度。天王星的遠紅外線，也就是熱輻射部份釋出總能量很大，是大氣層吸收自太陽能量的1.06±0.08倍。事實上，天王星只有0.042±0.047　w/m^{2}的熱流量，比地球內的熱流量0.075w/m^{2}低很多。天王星對流層頂的最低溫度紀錄只有49K，這也讓天王星成為溫度最低的太陽系行星，比海王星還要冷。

天王星的軌道與自轉

觀測發現：每84個地球年，天王星就環繞太陽公轉一周，與太陽的平均距離大約30億公里，陽光強度很低，只有地球的 1/400。拉普拉斯在 1783 年首次計算出來天王星的軌道元素，但最終發現預測和觀測的位置存在誤差。1841 年，約翰．柯西．亞當斯（John Couch Adams）首先提出，之所以出現誤差，或許是因為被一顆尚未被看見的行星的拉扯。勒維耶（Urbain Jean Joseph Le Verrier）也在 1845 年開始獨立研究天王星軌道。1846 年 9 月 23 日，在勒維耶預測位置的附近，迦勒（Johann Gottfried Galle）發現了一顆新行星，也就是海王星。

天王星內部的自轉週期是 17 小時零 14 分，但是它與所有巨大的行星一樣，朝向自轉方向上部的大氣層有非常強烈的風。實際上，在有些緯度（比如說從赤道到南極的 2/3 路徑）上，可以看見大氣移動得非常迅速，完整自轉一周只要 14 個小時。

天王星傾斜的角度高達 98°，自轉軸可說是躺在軌道平面上，這也使它有著與其他行星完全不同的季節變化。相對於太陽系的軌道平面，其它行星的自轉軸都是朝上的，而天王星的轉動可以比作傾倒、並且被輾壓過去的球。當天王星在至點附近時，一個極點會持續的指向太陽，另一個極點則會背向太陽。在天王星赤道附近狹窄的區域內能體會迅速的日夜交替，但太陽的位置非常低，有如在地球的極區。

天王星運行到軌道的另一側時，會將軸的另一極指向太陽。每一個極都會有永晝，能被太陽持續照射 42 年，另外 42 年則處於永夜，而太陽在接近晝夜平分點時，正對著天王星的赤道，最近一次是在 2007 年 12 月 7 日經過了晝夜平分點。

延伸閱讀 —— 天王星的衛星

目前，已發現 27 顆天王星的天然衛星，並且它們的名稱都出自莎士比亞和波普的歌劇中，其中 5 顆主要衛星的名稱分別是：天衛一艾瑞爾（Ariel）、天衛五米蘭達（Miranda）、天衛三泰坦尼亞（Titania）、天衛二烏姆柏里厄爾（Umbriel）和天衛四歐貝隆（Oberon）。

威廉．赫雪爾在 1787 年 3 月 13 日發現了泰坦尼亞和歐貝隆；艾瑞爾和烏姆柏里厄爾，是威廉．拉塞爾（William Lassell）在 1851 年所發現，而威廉．赫雪爾的兒子約翰．赫雪爾在 1852 年才為這 4 顆衛星命名；到了 1948 年，傑拉德．柯伊伯（Gerard Kuiper）發現第五顆衛星米蘭達。

氣體巨星中，天王星衛星系統的質量是最小的，5 顆主要衛星的總質量還不到海衛一崔頓（Triton）的 1/2；泰坦尼亞是最大的衛星，半徑為 788.9 公里，但也還不到月球的一半，但比土衛五瑞亞（Rhea）稍大一點。這些衛星的反照率也相對較低，烏姆柏里厄爾約為 0.2，艾瑞爾約為 0.35（在綠光）。這些衛星都由冰和岩石組成（50% 的冰和 50% 的岩石），冰也許包含氨和二氧化碳。

艾瑞爾上面只有少許的隕石坑，在這些衛星中有著最年輕的表面；烏姆柏里厄爾看起來最老；米蘭達的斷層峽谷深達 20 公里，層次呈梯田狀，形成令人混淆的表面年齡和特徵。有種假說認為，在過去米蘭達可能遭遇過巨型天體的撞擊，從而被完全分解，然後又偶然重組起來。

1986 年 1 月，「航海家 2 號」太空船飛越過天王星，在稍後研究照片時，發現了 Perdita 和 10 顆小衛星。而後來使用地面的望遠鏡觀測，也證實了這些衛星的存在。

海王星，筆尖上的發現

天王星發現後，許多天文工作者為天王星的種種怪現象傷透了腦筋。到底是萬有引力定律失靈了，還是觀測出錯呢？人們反覆核校天王星的觀測資料，並沒有發現什麼不對的地方。後來有人猜想，可能有一顆未被發現的行星在天王星軌道之外，天王星的運行因為受到這顆行星的強大引力，所以出現了偏差。可是，怎樣找到這顆未知的行星呢？

19 世紀，這個難題被歐洲兩位年輕的天文學家幾乎同時攻下了，這兩個年輕人是法國的勒維耶和英國的亞當斯。

海王星的發現

在天文學史上，海王星被喻為「筆尖上的發現」。1845 年 10 月，英國劍橋大學的學生亞當斯計算出了海王星的軌道和位

置，但當時他的發現並未引起足夠的重視。

1846 年 8 月底，法國天文學家勒維耶也獨立計算出了「未知行星」的質量、軌道和位置資料；8 月 31 日，勒維耶整理出他的計算結果，並宣告了那顆未知行星的位置。勒維耶一方面寫研究報告給科學院，另一方面還寫信給歐洲一些國家的天文臺，請求他們用天文望遠鏡幫助尋找新行星；同年的 9 月 23 日，柏林天文臺加勒先生注意到勒維耶的信，然後透過望遠鏡認真搜尋。就第二天晚上，他發現在恆星背景上這顆小星星的位置有了微小的變化。這個現象表明，這顆小星星確實是一顆行星。其他天文學家此後經過觀測研究，終於證明這顆行星是太陽系的第 8 大行星，也就是海王星。

隨著人類登上月球，人們對海王星的了解也逐漸深入。1977 年，美國發射了「航海家 2 號」探測器，飛行 12 年，直到 1989 年 8 月 24 日才終於飛近海王星，並拍下了大量照片。從發回的照片上看，海王星上亂雲翻滾、狂風肆虐，在大氣湍急的氣旋不斷地湧動，有一些亮斑和暗斑非常引人注目，還有一個沿中心軸向逆時針方向旋轉的「大黑斑」，每轉 360°須 10 天。

海王星也有磁場和輻射帶，大部分地區有極光，像地球南北極那樣，大氣層動盪不定，大氣中含有白雲（由冰凍甲烷構成）和大面積氣旋，並有時速為 640 公里的颶風跟隨在氣旋後面。海王星上空還有一層煙霧，這是由陽光照射大氣層中的甲烷而形成的。

海王星的組成

海王星的組成與天王星很相似，包括各式各樣的「冰」、含有 15% 的氫和少量氦的岩石。海王星不同於土星和木星，雖然它有明顯的內部地質分層，但在組成上存在多多少少的一致性，其很有可能擁有一個質量與地球相仿的岩質小型地核。

海王星作為典型的氣體行星，時刻呼嘯著大風暴或旋風，按帶狀分布，而且風暴時速可以達到 2,000 公里，是太陽系中風速最快的行星。

海王星的內部和土星、木星一樣也有熱源，而且它輻射出的能量，是它吸收太陽能的兩倍多。

延伸閱讀 —— 海王星有衛星嗎

「航海家 2 號」發現，海王星有已知衛星 9 顆：小衛星 8 顆和海衛一。其中海衛一是太陽系中質量最大的衛星，也是太陽系中最冷的天體。

海衛一比我們當初想像得更亮、更冷，也更小，它的表面溫度為 -240°C，部分地區被水、冰和雪覆蓋，上面有 3 座曾噴出過冰凍的甲烷或氮冰微粒的冰火山，噴射高度有時達 32 公里。研究認為，海衛一上可能有液氮海洋和冰湖存在，到處都有高山、斷層、峽谷和冰河，這表明類似的地震可能在海衛一上發生。此外，海衛一上還有一層稀薄大氣層，由氮氣組成，它的極冠由凍結的氮構成一個耀眼的白色世界。

讓人驚訝的是，海衛一是按照自東向西的方向，逆行繞海王星公轉，而這種運動的結果是公轉速度逐漸減慢，最終可能會隕落在海王星上。

比月球還小的大行星 —— 冥王星

冥王星，或被稱為 134340 號小行星，於 1930 年 1 月由克萊德．湯博（Clyde William Tombaugh）根據美國天文學家洛厄爾（Lowell Percival））的計算發現，並以羅馬神話中的冥王普路托（Pluto）命名，曾經是太陽系九大行星之一，但後來被降格為矮行星。

太陽系最邊緣的行星

冥王星的發現頗經磨難。人們在發現海王星以後，效仿這一發現的思路，設想在海王星之外還有一顆行星存在，且會影響海王星的運動。美國天文學家洛厄爾於 1905 年完成計算，預測了這顆新行星的軌道、質量和亮度，但他本人和其他天文學家多年都搜尋無果。洛厄爾逝世後，他創建的天文臺繼續努力搜索，直到 1930 年，終於由湯博找到了這顆行星，並以羅馬神話中的地獄之王普路托的名字命名，中文就稱之為冥王星。

冥王星是目前已知的太陽系中最邊緣的一顆行星，是太陽系邊疆的一名「哨兵」，以 4,740m/s 的速度，緩慢但仔細地巡查著太陽系的邊疆，而巡查一遍，需要 247.69 年。冥王星的自轉軸和公轉軸的夾角為 60°，有點像半躺在躺椅上繞太陽運行。

冥王星也是太陽系中最小的一顆行星，直徑大約是 2,900 公里，公轉週期為 248.5 年，自轉週期約為 6 日 4 小時。

冥王星離太陽最遠，接收到的太陽輻射也最少，當然是太陽系中最冷的行星了。它的引力最小，大氣層很稀薄，其大氣的化學成分和天王星、海王星相似。只是由於溫度更低，除了氫、氦是氣態外，其餘元素都呈現液態或固態。

衛星「凱倫」

冥王星只有一個衛星，名字叫「凱倫」(Charon)，是神話中的地獄渡船夫，也是太陽系中唯一的一顆同步衛星。

凱倫的軌道呈圓形，它的自轉軸和冥王星的自轉軸相互平行，且這顆衛星的自轉週期、繞冥王星的公轉週期，以及冥王星的自轉週期都是 6.387 天，三個週期完全一樣，真是絕妙之極！不僅這顆衛星始終以半邊面孔對著冥王星，而且冥王星也始終以半邊面孔對著它的衛星，誰也不能看到對方的另外半面。

但人類對冥王星的了解不深，至今也還沒有太空船飛到冥王星附近實地考察，「航海家 2 號」告別海王星以後，早已朝著太陽系以外的方向飛去了。什麼時候能近距離探測冥王星，我們現在還不得而知，但相信這一天終究會到來。

點擊謎團 —— 太陽存在第九顆行星嗎

自從 1930 年發現冥王星後，人們就開始尋找第 10 顆行星。中國的天文學博士劉子華 1940 年在法國期間，用八卦理論推算出第 10 顆行星的確存在，因而轟動了整個巴黎，也因此獲得了博士學位。後來他進一步推算出第 10 顆行星的運行週期約 800 多年，並命名這顆新行星為「木王星」。美國海軍天文臺的哈林頓博士還推斷了這顆行星的位置，說這顆新行星的質量是地球的 3 ～ 5 倍，公轉週期約 800 年。

對第 10 顆行星的存在，專家們的意見尚不一致，而以日本東京大學松井孝典的觀點最具有代表性。他認為，以現在的太陽系和行星起源理論來看，難以考慮數倍於地球質量的未知行星存在。在土星更外側，特別是到冥王星那樣遠的地方，構成行星的物質密度非常低，形成行星需要很長時間，且充其量也只能形成半徑為數百公里的小星；而若真有數倍於地球質量的行星存在，那麼現有的理論就必須被修改。

彗星的物質成分與壽命

彗星的壽命一樣是有限的，以 76 年為週期的哈雷彗星為例，彗核每秒鐘要消耗 1 噸物質（按平均週期算，如果它接近太陽 10 個月，每秒平均要耗去 100 噸物質），這樣一週期就要消耗掉 20 億噸左右物質。假設彗星的原始總質量為 1,000 億噸至 10 兆噸，那麼哈雷彗星的壽命為 50 ~ 5,000 個週期，即哈雷彗星年齡為 3,800 年至 380,000 年。

一般來說，彗星的壽命為幾千個週期，但各個彗星的壽命不等，而這與彗核的化學成分及釋放消耗的速度有關。

灰飛煙滅的命運

彗星是由什麼物質組成的呢？目前的觀測還不能夠完全釐清。從彗星的光譜分析知道，彗星主要由水、氨、甲烷、氰、氮、二氧化碳等組成。無線電觀測告訴我們，彗星中還有甲基氨的分子，這是太陽系早期的遺留物。

彗星的壽命有長有短，平均只有幾千個自轉週期，彗星每次經過太陽附近時，都會被太陽輻射蒸發出一些物質，形成彗尾；而當彗星遠離太陽時，彗尾就逐漸消失了，但其中的塵埃物質並沒有縮回彗核，而是遺留在彗星的軌道上，成為流星群。當地球穿過彗星軌道面時，這些由碎塊和塵埃組成的流星群，就會被地球的引力所吸引而穿越大氣，形成流星雨。

比如，在著名的哈雷彗星和恩克彗星的軌道上，都有與它們有關的流星群。彗星回歸次數越多，在軌道上遺留的物質也越多，這樣一來，彗星的質量越來越少，到最後物質蒸發完，彗星也就毀滅了。也有些彗星受太陽的潮汐力（引力）作用，分裂瓦解，其碎塊散布在運行的軌道上，而當我們再看到與它相關的流星雨現象時，就將會十分壯觀。

仙女座流星群位於比拉彗星的軌道上，而歷史上已有多次對仙女座流星雨的記載。比拉彗星於 1852 年最後一次出現之後就失蹤了，而此後仙女座流星雨就變得極為壯觀，意味著比拉彗星已經粉身碎骨，並化為仙女座流星群。

當然，也並不是所有的流星群都與彗星有關。太陽系中還存在一些單一的流星體，當它們闖入地球大氣層後，同樣也會產生流星。

哈雷彗星

哈雷彗星是英國天文學家哈雷於 1682 年觀測到的一顆彗星。他的功勞在於，在他研究了 1337 年到 1698 年的 24 顆彗星以後，確認曾於 1531 年和 1607 年出現過的、以及他自己在 1682 年所看到的彗星，是同一顆彗星。這顆彗星每 75 年至 76 年回歸一次，於是他預言：這顆彗星將於 1758 年底或 1759 年初再次回歸。1758 年底，這顆彗星果然如期出現了！天文學家為了紀念他在研究彗星方面的貢獻，把這顆彗星命名為哈雷彗星。

哈雷彗星在 20 世紀有過兩次回歸，即 1910 年和 1986 年。1910 年那次回歸十分壯觀，亮度達到一等星的亮度，彗尾視角達 140°，橫跨大半個天空，和銀河爭相輝映，令人驚歎；但

1986 年的回歸，情況就遠不如 1910 年那次壯觀了。那次回歸，哈雷彗星並不十分接近地球，彗尾不能掃過地球，而且在它最亮的時候，卻處在太陽的背面，被淹沒在太陽的光輝之中。

延伸閱讀 —— 為什麼說彗星是「髒雪球」

76 年一遇的機會，天文學家是不會放過的，何況 1986 年時，地面和太空天文的觀測條件已經大大改善。各國天文學家組成哈雷彗星聯合觀測網，地面上的大型望遠鏡威力強大，拍到了品質良好的照片；6 艘太空船在不同區域、不同時間靠近哈雷彗星，用不同的觀測儀器，細緻觀測哈雷彗星。這 6 艘太空船中，又以歐洲太空總署的「喬托號」與哈雷彗星核最接近，所獲得的資料最豐富。

考察發現，哈雷彗星核的外形像花生，長約 16 公里，寬 8 公里，厚 7.5 公里，質量約為 500 ～ 1,300 噸。估計它的原始質量為 10 兆噸，而每次回歸損失質量 20 億噸左右，所以估計它的壽命不過幾十萬年。彗核由大小不同的冰塊堆積而成，還含有一些一氧化碳、二氧化碳、碳氫化合物等。由此可見，有些天文學家把彗核形容成「髒雪球」是很恰當的。

認清彗星的真面目

西元前 44 年，古羅馬的統帥凱撒遇刺身亡，而在羅馬市民為凱撒舉行葬禮的時候，一顆大彗星忽然出現在天空中，並持續了 7 天之久才消失。面對這種景象，羅馬人十分恐慌，以為這是凱撒顯靈，預示將有更加殘酷的內戰爆發。

西元 1066 年，在諾曼人入侵英國的前夕，哈雷彗星正好回歸。當時，人們注視著夜空中這顆拖著長尾巴的奇特天體，以為這是上帝給予的戰爭警告；待諾曼人征服英國，諾曼統帥的妻子還把當時哈雷彗星回歸的景象，繡在一塊掛毯上作紀念。可知，古人通常把彗星的出現視為災難的徵兆。

中國民間也把彗星貶稱為「掃帚星」、「災星」，認為彗星關聯著戰爭、饑荒、洪水、瘟疫等災難；而事實上，彗星只不過是一種正常的自然現象罷了。

彗星的起源

然而，對於彗星的起源，人們至今仍然不甚了解。有人認為，在太陽系的周邊，存在著一個特大彗星區，那裡的彗星約有約有 1,000 億顆，叫歐特雲。由於其它恆星引力的影響，一部分彗星進入了太陽系；又由於木星的影響，一些彗星逃出了太陽系；而另一些被「俘獲」成為短週期彗星。

也有人認為，彗星形成於木星或其它行星附近；還有人認為，彗星是在太陽系的邊緣地區形成的；甚至有人覺得，彗星是太陽系外的來客，因為週期彗星一直處於瓦解的狀態，那麼就必然有新彗星來替代老彗星。一種可能發生的模式，就是在離太陽 105 天文單位的半徑上，儲藏有幾十億顆以各種可能方向繞太陽運動的彗星群。

不過迄今為止，天文學家仍沒有找到一種方法，探測可能與太陽配合成一套系統的大量彗星。因而對於彗星的起源，還有待人們更深入的探索。

彗星的真面目

如今我們已經知道：彗星是太陽系內一種很小的天體，質量只及地球的幾千億分之一。彗星的外觀呈雲霧狀，由 3 部分構成，分別是彗核、彗髮和彗尾。彗核是彗星的主要部分，由冰物質組成，冰物質在彗星接近太陽時昇華；雲霧狀的氣體就是彗髮；彗尾則是因為太陽風推斥彗髮中的氣體和微塵，在背向太陽的一面形成。彗尾有單條或是多條，一般長度達幾千萬公里，有時甚至可以達到 9 億公里。而當彗星遠離太陽時，彗尾就會變得越來越短，甚至消失不見。

一般來講，彗星的軌道是拉得又扁又長的橢圓形，不像行星軌道那樣接近圓形，這種彗星被稱為「週期彗星」，如哈雷彗星。此外還有非週期彗星，它的軌道是雙曲線形或拋物線形，這種彗星來去匆匆，繞太陽轉一個彎就不見蹤影。

彗星的運行軌道非常不穩定，這是因為當它靠近大行星時，會受到大行星的引力作用，而改變運動速率和方向，而彗星的軌道形狀也會隨之變化。

彗星主要由水、氨、甲烷、氰、氮、二氧化碳等成分構成，而彗核則由凝結成冰的水、二氧化碳、氨和塵埃微粒混雜組成，是顆典型的「髒雪球」。

點擊謎團 —— 流星雨是怎樣形成的

當諸多行星際空間的固體塊和塵埃粒闖入地球大氣層時，就會摩擦產生光芒，這就是「流星雨」。天文學家們把偶然出現的零星流星稱為「散亂流星」，散亂流星完全隨機出現，平時一晚可以看到大約一二十顆散亂流星。而當 1 克重的流星體闖入地球大氣燃燒發光時，它產生的亮度就足以與織女星媲美。

1827 年，人們觀測到的比拉彗星，就是一顆散亂流星；6 年又 9 個月後，這顆流星又準時經過地球軌道，而且以後每年都是如此。1846 年，當這顆彗星再次到來時，人們發現它已經變成了一對孿生彗星。科學家分析認為：這顆彗星曾經和太陽很接近，一開始，太陽的引力把它拉成兩個部分，後來巨大的引力又將這顆彗星瓦解為碎片，所以最後這對孿生彗星就神祕消失了。而流星雨的產生的原因，就是因為在宇宙中有許多像比拉一樣的彗星，隨著歲月流逝慢慢瓦解，剩下無數的彗星塵粒卻構成了流星體，運行在原來的軌道上。無邊的太陽系中，有相當多這樣的流星體物質和塵埃圍繞著太陽公轉，這就是流星群，而當這些流星群在地球引力的作用下衝入大氣層時，便產生了壯觀奪目的流星雨。

小行星的探索

第一顆小行星——穀神星（Ceres），於 1801 年元旦夜裡被發現。而使用目前世界最大的望遠鏡，可以看到的小行星約有 100 萬顆，被天文學家正式編名的約有 3,500 顆，且目前數目還在不斷增加。

小行星的軌道半徑

小行星的軌道半長軸 a，最大的是 5.71 天文單位，最小的是 1.46 天文單位。我們知道，火星的軌道半長軸是 1.52 天文單位，木星的是 5.20 天文單位，所以 99.8% 的小行星的軌道位於火星軌道和木星軌道之間。在小行星中，95% 以上的 a 值在 2.2 和 3.7 天文單位之間，平均值為 2.7 天文單位；而在 a 等於 2.50、2.82、2.96 和 3.28 天文單位，也就是公轉週期等於 4.0、4.8、5.1 與 5.9 年處，小行星特別少，形成了幾個類似土星光環環縫那樣的空隙。

小行星公轉軌道的離心率平均為 0.14，比行星的平均值大很多，它們大部分在 0 和 0.25 之間，也可能大到 0.83。小行星軌道面對黃道面的傾角平均為 9.5.，也比行星還要大，甚至大到 52 度。

小行星中，半徑最大的是穀神星，達 477.5 公里。半徑大於 100 公里的小行星只有 100 個，大於 40 公里的也只有 150 個。小的小行星大多不是球狀的，形狀很不規則，這可以從幾十個小行星的亮度變化看出來。

小行星亮度變化的主要原因，是形狀不規則的小行星自轉時，面向地球的截面形狀和大小改變；其次是表面各部分反光程度不一樣，而小行星亮度變化（作距離變化的改正以後）的週期就是它的自轉週期。

小行星的質量

小行星的質量，一般是假設一個密度值，再由半徑計算得出，密度常取為 3.5g/cm^3。近年來，已開始透過觀測最大幾個小行星之間的引力作用所引起的軌道變化，來推算質量，這樣得到的穀神星的質量是 1.19×10^{24}g，推算出它的平均密度是 1.6g/cm^3；四號小行星灶神星（Vesta）的質量是 2.4×10^{23}g，半徑 285km，平均密度 2.5g/cm^3。有人估計，小行星的總質量為地球質量的千分之一，即約為穀神星質量的 5 倍。

小行星的體積

小行星的體積和質量相差很多，密度的差別也很大，而這些與小行星的物質組成有關。目前已經知道小行星有三類：石質、碳質和金屬含量較高的小行星。

小行星雖然很小，但也有衛星。1978 年，發現了第 532 號小行星大力神（532 Herculina）的衛星，大力神與其衛星的直徑分別為 243 公里和 45.6 公里，目前已發現 10 多顆小行星有衛星。

為什麼在火星和木星軌道之間會形成一個小行星帶？這仍然是一個很難解答的問題，但猜想還是不少。一種說法是，由大行星爆炸後的碎片形成了小行星；一種說法是，在火星和木星軌道之間的物質，在形成大行星以前，被木星「奪」去了絕大部分，所剩無幾，只能成為小行星，圍繞太陽流浪。

相關連結 —— 幾類特殊的小行星

大多數小行星分布在火星和木星軌道之間、距離太陽 2.1～3.3 天文單位的小行星帶內，但小行星中也有一些「調皮鬼」，它們不安分守己，跑到主環帶外遊蕩。這樣的小行星被分為幾類：特洛伊群小行星、阿莫爾型小行星、阿波羅型小行星、阿登型小行星等等。

(1) 特洛伊小行星群（Trojan group）

著名的特洛伊小行星群，與太陽的平均距離以及圍繞太陽公轉的週期都與木星很相近，它們分為兩組，各在木星前後 60 度的地方，與太陽和木星形成了兩個幾乎是等邊的三角形。

早在特洛伊群小行星發現之前，1772 年法國數學家、物理學家拉格朗日（Joseph Lagrange）就從理論上討論了三體運動的規律。他證明，如果三個天體恰好位於等邊三角形的三個頂點上，其中的一個質量相比起來很小，那麼這三個天體就會保持相對穩定的位置。而特洛伊群小行星的發現，就證實了拉格朗日的理論。

(2) 阿莫爾型小行星（Amor asteroid）

阿莫爾型小行星的軌道在火星軌道之內，但比地球的大，它們有時能進入地球軌道外側的近旁，很少進入地球軌道內。據估計，太陽系內的阿莫爾型小行星共有上千顆，現已發現了 90 多顆。

(3) 阿波羅型小行星（Apollo asteroid）

阿波羅型小行星的軌道也比地球的大，但它們有時能深入到地球軌道之內甚至深入到水星軌道之內，原因是它們的橢圓形軌道很扁，即軌道離心率很高。天文學家估計太陽系內的阿波羅型小行星的總數也有 1,000 多顆，可能比阿莫爾型小行星的數目還要多。目前已發現近 100 顆。由於阿波羅型小行星的軌道面與地球軌道面相交，所以也稱它們為掠地小行星。

(4) 阿登型小行星（Aten asteroid）

阿登型小行星的軌道與地球軌道非常相似，公轉週期與地球的一年很相近。估計這類小行星比阿莫爾型和阿波羅型小行星都少得多，總數也就 100 多顆，現已發現 10 多顆。

阿莫爾型、阿波羅型和阿登型三類小行星的軌道，都有和地球近距相遇的相會，因此它們又都被稱做近地小行星。近地小行星會不會撞擊地球？ 19 世紀內，已有許多次近地小行星與地球近距離相遇的記載，距離最近的一次是 1991BA 小行星，從地球近旁飛馳而過的時候，距離地球只有 17 萬公里，還不到月地距離的一半。

星雲有哪些種類

西方有一則關於「不死鳥」的美麗神話：不死鳥原本是在阿拉伯沙漠中生活的一隻神鳥，壽命可長達幾百年。當牠感覺生命即將衰竭時，就會築起了一個香木巢窩，並在裡面浴火重生......這樣循環不已，神鳥就得到了永生。

18 世紀，德國著名哲學家康德，就把天體及天體系統比做不死鳥。他認為不死鳥自焚，是為了能從從灰燼中重獲青春，得到永生；而從星雲中脫胎而出的恆星，就如同是一隻不死鳥，在漫長的歲月裡，它經歷過主序星、紅巨星、變星（有時候是超新星）、緻密星（即白矮星、中子星及黑洞），然後終結自己的一生，變成星雲物質，而新的恆星又會從這些灰燼（星雲）中誕生。當然，新誕生的第二代恆星，嚴格來說在化學組成上與第一代恆星不一樣，恆星「輩分」越後，重元素的含量就越多。

也有人把雞和蛋比喻星雲和星的關係，星雲中生出了恆星，恆星又轉化為星際間的瀰漫物質......如此循環不已。

由此可見，宇宙中耀眼的星星固然十分重要，但也不應冷落了表面黯淡的星雲。

星雲的發現

1758 年 8 月 28 日晚，法國天文學愛好者梅西耶（Charles Messier）在搜索彗星時，觀測到一個雲霧狀斑塊，在恆星間不會變換位置，雖然形態類似彗星，但顯然又不是彗星。

這是什麼天體呢？在揭開答案之前，梅西耶詳細地記錄下這類發現（截止到 1784 年，共有 103 個）。他把在金牛座中第一次發現的雲霧狀斑塊列為第一號，即 M1（「M」是梅西耶名字的縮寫字母）。

如今，我們仍然在被使用梅西耶當年建立的星雲天體序列，他於 1781 年發表了不明天體紀錄（梅西葉星表），這引起了英國著名天文學家威廉．赫雪爾的高度注意。在經過長期的觀察核實後，赫雪爾將這些雲霧狀的天體命名為星雲。

現今，憑肉眼我們只能看見 4 個雲絮狀光斑，分別是獵戶座大星雲（M42）、仙女大星雲（M31）、大麥哲倫雲和小麥哲倫雲，但其中卻有 3 個是「冒牌貨」。因為仙女大星雲與大、小麥哲倫雲都是龐大星系，是由萬千恆星、星團所組成的，與銀河系處於相同的層次，因此過去稱它們為河外星雲不合適的，現在這個叫法也被廢棄了，取而代之的名稱是銀河外星系，簡稱星系，而惟有 M42 才是真正的銀河系雲狀物質。

在冬天的晴夜，如果觀測條件良好，從獵戶的懸掛寶劍中，我們就可以見到一團「雲氣」。根據測定，M42（或稱

NGCl976）的距離為 460 秒差距，其直徑約 5 秒差距，質量為 300M。在 M42 那裡，我們發現了許多原恆星、紅外星、天體及球狀體，這是它的最引人之處，可見正是它，孕育出了新的恆星，因而備受天文學家的注目。

星雲的種類

星雲是銀河系內一切非恆星狀的氣體塵埃雲，就形態來說，銀河系中的星雲物質可以分為彌漫星雲、行星狀星雲和超新星遺跡；就發光性質來說，可分為發射星雲、反射星雲和暗星雲。

正如它的名稱一樣，彌漫星雲沒有明顯的邊界，形狀猶如天空中的雲彩，很不規則，一般都得使用望遠鏡才能觀測到；而若要展示出它們的美貌，只有用天體照相機作長時間曝光。彌漫星雲的直徑在幾十光年左右，平均密度為每立方公分中有 10 ～ 100 顆原子，主要在銀道面附近分布。比較著名的彌漫星雲有獵戶座大星雲、馬頭星雲等。

在幾十個已知的彌漫星雲中，只有一個蜘蛛星雲位於大麥哲倫雲（星系）中，而不在銀河系內。蜘蛛星雲也是迄今所知的最大的星雲，據測定，它的直徑是獵戶星雲的 34 倍，達 170 秒差距，總質量為 10^6M ⊙。

行星狀星雲呈圓形、扁圓形或環形，有些很像大行星，但和行星沒有任何關係。也不是所有行星狀星雲都呈圓面，有些行星狀星雲（如位於狐狸座的 M27 啞鈴星雲及英仙座中 M76 小啞鈴星雲等）的形狀十分獨特，中心是空的，樣子就有點像吐出的煙圈，且在行星狀星雲的中央往往有一顆很亮的恆星，稱為行星狀星雲的中央星（是正在演化成白矮星的恆星）。中央星不斷向外拋射物質，形成星雲。可見，行星狀星雲是恆星（質量和太陽差不多）演化到晚期，核反應停止後，走向死亡時的產物。其中，寶瓶座耳輪狀星雲和天琴座環狀星雲比較著名，在性質上這類星雲與瀰漫星雲完全不同，它們的體積一直都在膨脹之中，最後趨於消散。行星狀星雲的「生命」十分短暫，通常這些氣殼會在數萬年之內逐漸消失。

超新星遺跡這種星雲，也與瀰漫星雲的性質完全不同，它們是超新星爆發後拋出的氣體所形成的。這類星雲與行星狀星雲一樣，體積也在膨脹之中，最後也趨於消散。金星座中的蟹狀星雲是最有名的超新星遺跡，它是由一顆在西元 1054 年爆發的銀河系內超新星所留下的遺跡。在這個星雲中央，已經發現了一顆中子星，但中子星的體積非常小，即使用光學望遠鏡也看不到。它的被發現是因為被觀測到有脈衝式的無線電波輻射，並在理論上被確定為中子星。

雖然星雲的邊界不是很明顯，但直徑大致為 1,300 光年。星雲中的物質主要是氫和氦，比例與恆星中相仿，此外還有少量的氟、硫、氧、氯、碳、氫及鈉、鈣、鎂、鉀、鐵等元素，甚至還有一些有機分子，只是它們的密度僅比星際空間高幾十、幾百倍，都極其稀薄，每立方公分中僅有幾十到幾百個粒子。但因其體積龐大，所以在銀河系中，質量的小星雲也有太陽質量的十分之幾，大的甚至可達太陽質量的幾千倍，平均為10M ⊙左右。

相關連結 —— 發射星雲、反射星雲和暗星雲

發射星雲會發光，是因為受到附近熾熱光量的恆星激發，這些恆星所發出的紫外線會使星雲內的氫氣游離，令它們發光。一顆年輕的恆星誕生時，通常都會造成周圍部分氣體游離，雖然只有質量大且熱的恆星才會使氣體大量游離，但一群年輕的星團也可以達到相同的結果。

多數發射星雲都是紅色的，如果擁有能使其他元素游離的更高能量，那麼也可能出現綠色和藍色的雲氣。天文學家研究星雲光譜後，推斷星雲的化學元素，認為大部分的發射星雲都有 90% 的氫，其餘則是氦、氧、氮和其他的元素。

反射星雲會發光（呈藍色），是靠反射附近恆星的光線。以天文學的觀點看，反射星雲只是由塵埃組成，單純地反射附近恆星或星團光線的雲氣。這些鄰近的恆星雖然沒有足夠的熱讓雲氣游離發光，卻有足夠的光線能讓塵粒散射可見。因此，反

射星雲顯示出的頻率光譜與照亮它的恆星相似。

如果氣體塵埃星雲附近沒有亮星，星雲將是黑暗的，這就形成了暗星雲。由於暗星雲本身不發光，也沒有供它反射的光，但可以吸收和散射來自它後面的光線，因此在恆星密集的銀河中以及明亮的瀰漫星雲的襯托下可以被發現。

暗星雲的密度很高，足以遮蔽來自背景的發射或反射星雲（比如馬頭星雲）的光，或是遮蔽背景的恆星。通常這些暗星雲的形成並無規則可循，外型和邊界也沒有被明確定義，有時會形成複雜的蜒蜒形狀。以肉眼就能看見巨大的暗星雲，在明亮的銀河中就像是黑暗的補丁。

流星是怎麼回事

流星是分布在星際空間的細小物體和塵粒，它們與大氣層摩擦產生了光和熱，最後被燃盡成為一束光（如果沒有燃盡，就是隕石）。大約 92.8% 的流星，主要成分是二氧化矽（也就是普通岩石），5.7% 是鐵和鎳，其他的流星則是這三種物質的混合物。

散亂流星

流星體像太陽八大行星一樣，沿橢圓軌道圍繞太陽運動。有些流星體的軌道與地球的軌道比較接近，當它們經過地球附近時，由於受到地球的引力作用，改變了原來的運行軌道，闖入地球的大氣層。而由於雙方的運動速度都很大，流星體便因為和空氣發生激烈的摩擦而燃燒發光，這就是我們看到的流星，天文學家稱為「散亂流星」。

流星的亮度與流星體的質量有關，一般流星體都比較小，和沙粒差不多；但也有流星體又大又亮，甚至可以聽到它們燃燒時發出的轟隆聲，這種流星現象稱為火流星。火流星也屬於散亂流星，而散亂流星出現的時間和方向都是沒有任何規律的。

流星雨

除了散亂流星之外，還有一種更壯觀、更漂亮的流星現象，即「流星雨」。

流星群不同於一般的流星體，它們是許許多多流星體成群結隊，沿著同一條軌道、順著同一個方向圍繞著太陽運行。當流星群和地球相遇時，流星群就會同時或陸陸續續闖入地球大氣層，這時就能夠欣賞到壯麗的流星雨現象了。

流星雨出現時，所有的流星好像都是從天空中的某一點散發出來，天文學家稱這個點為流星雨的「輻射點」。實際上，這些流星在天空中所走過的路線都是平行的，將它們看成出自一個點是視覺錯覺，就如同我們看到很遠的兩條火車鐵軌，就好像會聚在一點一樣。

流星雨的出現不同於散亂流星，它們總是在每年的固定日子裡出現，這又是什麼原因呢？

天文學家發現，許多流星群都與彗星有著密切關係。彗星在圍繞太陽運行的過程中，每次經過近日點附近時，都會向外拋出大量物質，有的甚至會完全碎裂，這些被拋出的物質和分裂瓦解後的碎渣，就成為流星群，它們分布在彗星的整個軌道上，形成一個個橢圓形的環。

由於彗星的軌道各不相同，所以這些流星群的橢圓形軌道也各不相同。這些各不相同的流星群軌道和地球軌道分別相交於一點，這樣地球每年就會在不同的日期與不同的流星群相遇。如果流星群在其軌道上的分布是均勻的，那麼地球上每年所看到的這個流星雨的規模也應該是大致相同的；而如果流星群在其軌道是在某一小範圍內密集，那麼地球上每年所看到的這場流星雨則會有週期性變化，而當地球與流星群的密集部分相遇時，這一年的流星雨就會格外強烈。

延伸閱讀 —— 如何區別流星群和流星雨

天文學家目前所發現的流星群共有 1,000 個以上，每年可以看到的流星雨共約四五十次。這麼多的流星群和流星雨，怎麼區分它們呢？

天文學家以流星雨輻射點所在的星座名稱來為它們命名，如天琴座流星群（雨）、獅子座流星群（雨），等等。如果同一星座中有兩個或兩個以上流星雨的輻射點，那麼就再在星座名稱後面加上輻射點最靠近的恆星的名字來區分。

我們每年能夠看到的流星雨次數不少，每次流星的亮度以及在單位時間內所出現的流星數目都各不相同。當然，流星的亮度越強，單位時間內出現的流星數目越多，流星雨看起來就越壯觀。

破譯地球

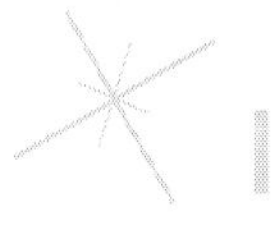

地球是從何而來

地球科學有三大難題：地球的起源、地球上生命的起源，以及人類的起源。特別是地球的起源，很長時間以來都受神造論的影響，但是哥白尼、伽利略、克卜勒和牛頓等人的發現，將地球神造論徹底推翻。在這之後，又開始出現很多種關於地球和太陽系起源的假說。

關於地球起源的種種假說

1543 年，波蘭天文學家哥白尼提出日心說，宗教桎梏被天體演化的討論所突破，並開始了對地球和太陽系起源問題的真正科學探討，各種假說也蜂擁而出。

1755 年，德國哲學家康德與法國科學家拉普拉斯曾設想：較為緻密的質點組成凝雲、並相互吸引形成地球，星雲因為排斥而旋轉。雖然如今這個假說早已不可靠，但這是第一個關於地球來自何處的科學假說。根據這個假說，太陽系一開始的形態，為緩慢旋轉的高溫氣體，旋轉速度由於冷卻收縮逐漸變快。氣體因受離心力的影響集合慢慢成圓盤狀，然後離心力和重力開始趨於向均衡。離心力隨著收縮越來越劇烈，這種氣體集合便以太陽為中心，漸漸地分散成同樣的圓盤狀，並各自獨立旋轉，且在太陽的周圍公轉。該假說誤認仙女座大星系為氣體的集合體，再者位於中心位置的太陽自轉也顯得太慢。

在這之後，又出現了「潮汐說」，也稱「碰撞說」或「遭遇說」。這種假說認為，當類似太陽的恆星偶然從太陽附近通過時，會產生與潮汐類似的現象。換句話說，雙方星體的構成物質受恆星接近時引力的影響，會向外迸出。太陽迸出的物質構成了水星、金星、地球和火星，而路過的恆星迸出的物質則構成了木星、土星、天王星、海王星和冥王星。但是讓人懷疑的是，恆星中迸出的物質凝聚成星體可能嗎？而且兩個星球如此接近的機會很少，所以潮汐說在曾流行一時後，還是被捨棄。

「雙星說」是針對潮汐說出現的假說，認為太陽原本是帶著伴星的雙星，而並非單獨的星球。宇宙中約有 10% 的星體是雙星，所以潮汐現象會出現在通過太陽附近的恆星和伴星之間。也就是說，行星是伴星和透過太陽附近的恆星的後代，而並非由太陽誕生。但是，行星絕不可能由太陽、伴星或恆星迸裂出來的氣體冷卻凝固而成，可以從理論上得到證明。

「原始行星說」在 1949 年也隨之出現，這個假說認為，氣體或宇宙塵在宇宙中的某些部分特別濃厚，這些氣體與宇宙塵冷卻後，環繞太陽四周時，旋轉的圓盤體部分，就會因速度或密度的差異產生漩渦。其中小漩渦被大漩渦吸收，並沉澱產生行星的基本物質。也就是說，地球等行星是由氫、氦、冷卻的塵粒或矽酸等聚合而成，而並非熱氣體的集合。

最後出線的是「隕石說」，這個假說認為，由於吸收了很多宇宙塵、氣體、隕石等，當原始的太陽穿過宇宙塵特別濃厚的部分時，便在四周形成了星雲。當星雲隨橢圓形軌道繞太陽運行時，隕石之間就會不斷相互衝撞。如此，橢圓形軌道逐漸改變形態，而傾向於圓形，同時星雲本體也慢慢變得扁平。此時，隕石間會發生更激烈的衝撞，而使分布密度失衡，大型行星就在重力的強大凝聚作用下形成了。按照這個假說，太陽和行星物質的起源並不同，這也就說明了行星公轉速度比太陽自轉速度快的原因。

但是，此說也有它令人置疑的缺點，比如太陽在宇宙塵濃厚處通過的可能性，還有比太陽小的行星因重力所引起的凝聚作用。

現今流行的觀點

各種假說都有道理，卻也各有缺點，而現今較流行的對地球起源的觀點是：地球作為一個行星，遠在 46 億年前，由原始太陽星雲產生。和其它行星一樣，它經歷了一系列的演化過程：吸積、碰撞。地球胎剛形成時，溫度還很低，也沒有分層結構；而地球溫度逐漸增加，是源於隕石物質的轟擊、放射性衰變致熱，和原始地球的重力收縮。

地球內部物質，隨著溫度的升高也具有更大的可塑性。這時，物質在重力作用下開始分離，地球內部較輕的物質逐漸上升，外部較重的物質則開始下沉，一些如液態鐵等重的元素逐漸沉到地心，形成了密度較大的地核，伴隨著大規模的化學成分物質對流，最後形成了今天的地殼、地幔和地核。

在地球演化早期，原始大氣逃逸殆盡，而原先在地球內部的各種氣體，伴隨著物質的重新組合和分化開始上升到地表，成為第二代大氣，後來在綠色植物的光合作用下，進一步發展成為現代大氣。另一方面，內部結晶隨地球內部溫度升高而汽化；氣態水則隨著地表溫度降低凝結成雨，形成水圈。地球約在三、四十億年前開始出現單細胞生命，然後各式各樣的生物逐漸演化，形成了生物圈。

這種說法當然也只是推測，還沒有確鑿的證據，不過我們對地球的形成認識，也會隨著科技水準的進步更為深入。

新知博覽 —— 地球的年齡

一直以來，關於地球的年齡測定都眾說紛紜。達爾文在 19 世紀提出演化論以後，人們發現透過對生物化石的研究，可以確定岩石相對年齡的方法，不過這種方法並不能推算出地球本身的絕對年齡。

科學家終於在 20 世紀找到了最可靠的測定地球年齡的方法，那就是同位素地質測定法。20 世紀初期人們發現：原子核放出某些粒子後，就會衰變成其它元素，且放射性元素在天然條件下，衰變的速度不受外界物理化學條件的影響，而一直保持很穩定。

比如說，1g 的鈾在經過 1 年之後，就會有 74 億分之一 g 的鈾衰變為鉛和氦。而在鈾的質量不斷減少的情況下，45 億年以後，大約就會有 0.5 g 的鈾衰變為鉛和氦。我們利用放射性元素的這一特性選擇含鈾的岩石，測出了其中鈾和鉛的含量，由此便可以準確計算出岩石的年齡。用這種方法可推算出，地球上最古老的岩石大約有 38 億年。不過這還不是地球的實際年齡，因為在地殼形成之前，地球還經過一段表面熔融狀態的時期，再加上這段時期，科學家們認為地球的年齡應該是 46 億年。

人們又用同樣的方法，推算各類隕石及「阿波羅號」太空人取回月岩的年齡，結果發現都是 45 ～ 46 億年。這說明，太陽系中這些天體是同時形成的，這也證明用這種方法能比較準確測定地球的年齡。

地球的大小怎樣測定

自從人類察覺到地球可能是一個巨大的圓球體後，就有人試圖測量地球的大小。而古希臘地理學家、天文學家、數學家和詩人艾拉托色尼（Eratosthenes）是世界上第一個測量地球的人。

艾拉托色尼對地球大小的測量

也曾有不少人在艾拉托色尼之前試圖測量估算地球大小，如歐多克索斯（Eudoxus）等，但是他們大多理論基礎缺乏，計算的結果很不精確；而艾拉托色尼天才地把天文學與測地學結合起來，首先提出設想，在夏至那天在兩地分別同時觀察太陽的位置，並分析物陰影的長度差異，從而總結出科學方法來計算地球圓周。

艾拉托色尼選擇了同一子午線上的兩地的西恩納（Siena）和亞歷山卓（Alexandria），在夏至那天比較太陽位置。在西恩納附近、尼羅河的一個河心島洲上，有一口深井，夏至日那天太陽光可直射井底，說明太陽在夏至日正好位於天頂；同時，他在亞歷山卓選擇一個很高的方尖碑，測量夏至那天方尖碑的陰影長度，透過這種方法量出直立的方尖碑和太陽光射線之間的角度。

艾拉托色尼在得到了這些資料之後，運用了泰勒斯的數學定律，即一條射線穿過兩條平行線時，它們的對角相等，透過觀測得到了這一角度為 7°12′，即相當於圓周角 360° 的 1/50。這就表明，這一從西恩納到亞歷山卓的距離角度對應的弧長，應相當於地球周長的 1/50。

艾拉托色尼又借助於皇家測量員的測地資料，測量得到這兩個城市的距離是 5,000 stadia（又譯作「斯塔德」、「斯泰特」），乘以 50 後，得出地球周長為 25 萬 stadia。而為了和傳統的圓周 60 等分制符合，這一數值被艾拉托色尼提高到 25.2 萬 stadia，以便可被 60 除盡。

埃及的 stadia 約為 157.5 公尺，可換算為現代的公制，地球圓周長約為 3.9375 萬公里，艾拉托色尼修訂後變為 3.9360 萬公里，與地球實際周長十分地相近。

各國科學家對大地的測量

中國唐代天文學家張遂，在 8 世紀初曾親自帶領一次大規模的大地測量，測量範圍北起北緯 51° 附近，南至北緯 17° 附近，以黃河南北平地作為中心，在全國 13 個測量點，用傳統的圭表測量法，測量各地冬夏至、春秋分的正午日影長和漏刻晝夜分差。

此外，張遂還實地測量了各點的北天極高度。比如說，在河南省平原地區，他測出該地一緯度的經線的弧長約為 129.41 公里。與現代測算的北緯 34.5° 的子午線 1° 弧長 110.6 公里相比，相差 20.7 公里，相對誤差為 18.7%。

8 世紀，法國科學院派出兩組大地測量隊，其中一隊去了瑞典的拉普蘭（Lappland），另一個隊則到了南美洲的赤道地區，分別測定了當地 1° 經線的長短。測定證明：地球上經線 1° 的長度，極區要比在赤道略短，說明地球是個扁球體。

自從 19 世紀以來，科學家們又進行了無數次的測量和計算地球的大小，其中蘇聯學者克拉索夫斯基（Krasovski）和他的學生，在蘇聯、西歐和美國等地進行弧度重力測量後所得出的結果，在當時是較為精確的數值。

地球到底有多大

由於近年來測量技術不斷進步，人類已獲得了對地球測量的很多方法。尤其是利用太空船和人造衛星測量，讓我們獲得更精確的地球資料：地球的赤道半徑是 6,378.140 公里，極半徑是 6,356.755 公里；赤道半徑和極半徑之差，與赤道半徑之比是 1：298.25。如果一個半徑為 298.25 毫米的地球儀，按照這個扁平率做成，那麼極半徑與赤道半徑只有 1 毫米之差，這樣就像一個真正的圓球了。

除此之外，利用現代科技測量出的相關資料顯示：地球的經線圈周長約為 40,000.5 公里，赤道周長大約是 40,075.5 公里，整個地球的質量約為 600,000 兆噸，表面積約為 5.1 億平方公里，體積約為 10,830 億立方公里。

小知識 —— 地球的溫度

根據推測，地核的溫度大約是 4,700 ℃，比太陽光球 6,000℃的表面溫度稍微低一點；但地球上閃電所能釋放的能量達100億焦耳，能產生的最高溫度到30,000℃，是太陽表面溫度的5倍，卻也比太陽核心的溫度（1,400萬℃）低多了。北半球的「冷極」，在1961年1月，西伯利亞東部的奧伊米亞康，最低溫度是-71℃；而南極大陸作為南半球的「冷極」，1960年8月24日，氣溫為-88.3℃。

地球的公轉與自轉

地球繞著地軸不停地旋轉，就像一枚陀螺。地球自轉就是繞著自己的軸心轉動。地球自轉一周的時間大約是23小時56分4秒，也就是我們所說的「一日」。而公轉就是地球繞太陽的運動，公轉一周所需的時間為約365.25天，也就是我們說的「一年」。

地球在怎樣自轉

地球的自轉是指地球繞地軸的旋轉運動。地軸具有基本上穩定的空間位置，北端始終指向北極星附近，而地球自轉的方向是自西向東，從北極上空看是呈逆時針方向旋轉。

地球自轉一周約用23小時56分，這個時間稱為恆星日。但是在地球上，因為我們選取的參照物是太陽，所以我們感受到的一天是24小時。由於地球自轉的同時也在公轉，地球自轉和公轉疊加的結果就產生了這4分鐘的差距。天文學上，將我們感受到的這1天的24小時叫做「太陽日」。

地球自轉的平均角速度，為每小時轉動 15°。在赤道上，自轉的線速度是每秒 465 公尺，由於地球自轉，天空中就產生了各種天體東升西落的現象，人們最早計量時間的方法，也是利用地球的自轉。

科學研究表明，地球自轉速度每經過 100 年，減慢近 2 毫秒，但目前卻有不同的解釋其變慢的原因。除康德提出引起地球自轉速度減慢，是由於月球潮汐力外，還有人認為是地球半徑的脹縮、地核的增生、地核與地幔之間角動量的交換，以及海平面和冰河的變化等，都會引起地球自轉的長期變化。

科學家還發現，地球自轉速度有不規則變化，可能也與地核、與地幔之間的角動量交換有關。不過有時這種變化卻是突發的，如在美國華盛頓和里奇蒙兩個地方，曾測得地球轉速在 1957 年、1961 年和 1965 年都有明顯變化，但到現在都還沒有令人滿意的答案來解釋這個問題。

也多虧了地球自轉，才產生了晝夜更替，使地球表面的溫度不至於太高或太低，適合人類的生存。

地球圍繞太陽公轉

我們從北極上空可以看到，地球在圍繞太陽做逆時針公轉。地球公轉的路線是近正圓的橢圓軌道，叫做公轉軌道，太陽則位於橢圓的兩焦點之一。

每年的1月3日，地球運行到離太陽最近的位置，這個位置稱為近日點；而每年的7月4日，地球又會運行到距離太陽最遠的位置，這個位置被稱為遠日點。

地球公轉的方向是自西向東，與自轉方向一致，運動的軌道長度是9.4億公里，公轉一周所需的時間為一年，約365.25天。地球公轉的平均角速度約為每日1°，平均線速度每秒鐘約為30公里。在近日點時，地球公轉速度較快，在遠日點時較慢。

地球自轉的平面叫赤道平面，地球公轉軌道所在的平面叫做黃道平面，兩個面的夾角稱為黃赤夾角，地軸垂直於赤道平面，與黃道平面夾角為66° 34'，或者說赤道平面與黃道平面間的黃赤夾角為23° 26'，這樣看來，地球是傾斜著圍繞太陽公轉的。

延伸閱讀——地球的晝夜

地球自轉一周為一晝夜，叫做「太陽日」。當地球自轉時，面向太陽的地面稱為「晝」，背向太陽的地面稱為「夜」。晝夜就是這樣形成的。春分以後，日照北半球逐漸變多，北半球夜短晝長，南半球則正好相反；秋分以後，日照南半球逐漸變多，北半球晝短夜長，南半球仍正好與之相反。

值得注意的是，晝夜現象與地球自轉和公轉之間並沒有直接關係，如果地球既不自轉也不公轉，而是停留在了公轉軌道的某一點，那麼它面向太陽的一面是白晝，另一面是黑夜，晝夜現象仍然會發生。

地球的四季更迭

太陽的回歸運動，是由於黃赤夾角的存在而產生，因此地球上產生了晝夜長短的和正午太陽高度的季節變化，四季就由此誕生了。

地球上的四季首先表現為一種天文現象，它的週期性不僅是溫度變化，而且還是晝夜長短和太陽高度的變化。當然，溫度的變化，由晝夜長短和正午太陽高度的改變所決定。對於全球來說，四季的遞變並不統一，當北半球是炎熱的夏季時，南半球正是寒冷的冬季；而當北半球由暖變冷時，南半球正在由冷變熱。

四季是怎樣劃分的

東西方在劃分四季時，採用的是不完全相同的界限點。如東方傳統的四季劃分方法，非常著重四季的天文意義，以 24 節氣中的四立作為四季的始點，以二分和二至作為中點。如以立春為始點，太陽黃經為 315°，春分為中點，立夏為終點，太陽黃經變為 45°，太陽在黃道上運行了 90°。

四季劃分，在西方更被強調氣候意義，是以二分二至作為四季的開始，如春分作為春季的起始點，夏至作為終止點，這種四季比東方劃分的四季分別推遲了一個半月。

但無論是西方具有氣候意義的四季劃分，還是東方具有天文意義的四季劃分，都是天文上的劃分方法，因為二分、二至和四立，在天文上都有確切的含義，全年都被分成大體相等的 4 個季節，每個季節有 3 個月，太陽在黃道上運行 90°。

小知識 —— 二十四節氣總覽（按西元月日計算）

【春季】

立春，黃經 315°：2 月 3 ～ 5 日

雨水，黃經 330°：2 月 18 ～ 20 日

驚蟄，黃經 345°：3 月 5 ～ 7 日

春分，黃經 0° ：3 月 20 ～ 22 日

清明，黃經 15°：4 月 4 ～ 6 日

穀雨，黃經 30°：4 月 19 ～ 21 日

【夏季】

立夏，黃經 45°：5 月 5 ～ 7 日

小滿，黃經 60° ：5 月 20 ～ 22 日

芒種，黃經 75° ：6 月 5 ～ 7 日

夏至，黃經 90°：6 月 21 ～ 22 日

小暑，黃經 105°：7 月 6 ～ 8 日

大暑，黃經 120°：7 月 22 ～ 24 日

【秋季】

大暑，黃經 120°：8 月 7 ～ 9 日

處暑，黃經 150°：8 月 22 ～ 24 日

白露，黃經 165°：9 月 7 ～ 9 日

秋分，黃經 180° ：9 月 22 ～ 24 日

寒露，黃經 195°：10 月 8 ～ 9 日

霜降，黃經 210°：10 月 23 ～ 24 日

【冬季】

立冬，黃經 225°：11 月 7 ～ 8 日

小雪，黃經 240°：11 月 22 ～ 23 日

大雪，黃經 255°：12 月 6 ～ 8 日

冬至，黃經 270°：12 月 21 ～ 23 日

小寒，黃經 285°：1 月 5 ～ 7 日

大寒，黃經 300°：1 月 20 ～ 21 日

地磁逆轉現象

在地球上任何地方放一個小磁鐵，讓其自由旋轉後，靜止時磁鐵的 N 極總是指向地理北極，這是由於地球周圍存在著磁場。地磁有大小和方向，是向量場，而地磁場分布廣泛，從地核到空間磁層邊緣處皆存在。

然而科學家發現，地球內部的地核正在發生著細微的變化，受這種變化的影響，地球的磁場也在變化。科學家們擔心

地指出，這些變化將給衛星等太空飛行器帶來巨大危險。

地球磁場是怎麼回事

地球的磁場根據來源，可分為內源場和外源場。內源場是指來源於地球內部的磁場，約占地球總磁場的95%，地球的液態外核是內源場的主要來源。外核是熔融的金屬鐵和鎳，它們是電流的良導體，在地球旋轉時產生強大的電流，進而引發磁場。

地磁場總體來說，像個沿地球旋轉軸放置在地心的磁鐵棒，它的內源場的主要部分是地磁場的主要特徵，稱為偶極子場，占總地磁場的80%～85%。

在內源場中還有5個大尺度、被稱為磁異常（geomagnetic anomaly）的非偶極子場，主要來源於地殼岩石，它們分別為南大西洋磁異常、歐亞大陸磁異常、北非磁異常、大洋洲磁異常和北美磁異常；而外源場起源於地球外的磁場，主要由太陽產生，占了地球磁場的5%。

地磁場會隨時間變化，而內源場所引起的變化稱為長期變化，表現為磁場倒轉和地磁場向西飄移，每5,000年～50,000年地磁場就會倒轉一次。地質年代上，曾經出現過4個較大的倒轉期：布容尼斯正向期（Brunhes normal polarity chron）為現在的時期，以前還有松山反向極性期（Matuyama reversed polarity chron）、高斯正向極性期（Gauss normal polarity chron）和基爾伯特反向期（Gilbert reversed polarity ehron）。

短期變化則是因為固體地球外部的各種電流體系，使地磁場變化太快，而平靜變化和擾動變化是其中兩種形式。平靜變化包括太陽靜日變化（Solar quiet day variation，符號為 Sq）和太陰日變化（Geomagnetic lunar daily variation，符號為 L）；擾動變化包括磁暴、亞暴、太陽閃焰效應（solar flare effect）、海灣形擾動（bay disturbances）和地磁脈動，而這些都與太陽活動的頻率有關。

粒子流能夠被地磁場反射，地磁場把我們的地球包圍，以使我們免受高速太陽風的輻射和傷害，相當於一個無形的屏障。到現在為止，人們利用地磁場導航已有 400 多年的歷史了，許多動物也都是利用地球磁場來導航，比如鴿子、蝙蝠和烏龜等。

地球磁場的逆轉原因

根據地磁場起源理論，地磁磁極逆轉的原因，是地核自轉角速度發生變化。

我們知道，地殼和地核的自轉速度是不同步的，現階段，地核的自轉速度要大於地殼的自轉速度。然而在 40 億年前，地球表面呈熔融狀態，月球也剛剛被俘獲，地球從裡到外的自轉速度都是一致的，表面也就不存在磁場。

不過，地球的自轉角速度，會隨著地球向月球傳輸角動量變得越來越小。與此同時，地球也逐漸形成了三層結構：地殼、地幔和地核。地殼首先反映地球自轉角動量的變化，出現了地殼自轉速度小於地核自轉速度的情形。這時，地球的表面上的磁場第一次可以被感受到，地核以大於地殼的自轉速度形成了地磁場。根據右手定律，磁場的 N 極是在地理的南極附近，磁場的 S 極是在地理的北極附近。

然而地殼與地核自轉的角速度不同步，這種情形並不能持續，地核也必然向地殼傳輸角動量（透過地幔軟流層物質），其結果就是地核的自轉角速度逐漸變慢，地殼的自轉角速度逐漸變快。隨著地殼與地核的自轉角速度此增彼減，最終達到一致，這時，地球磁場就會在地球表面消失。不過，地核與地殼間的角動量傳輸並不會因此而終止，地殼的自轉角速度在慣性的作用下還會繼續增加，而地核的自轉角速度則會繼續減少，於是就出現了地核自轉角速度小於地殼自轉角速度的情形。這時，在地球表面就會感受到來自地核逆地球自轉方向的旋轉質量場效應。新形成的地磁場的 S 極，可以根據右手定律，判斷是在地理的南極附近，N 極而則在地理北極附近。

整個地球的自轉速度從較長的時期來看，都是處於減速狀態，不過地殼與地核間的相對速度的變化卻是週期性的，這就是為什麼每隔一段時間，地球磁場就要逆轉。

據測定，地球磁場逆轉前，預兆會非常明顯，地球的磁場強度逐漸減弱到零；而磁場強度約需 1 萬年左右才能逐漸恢復；但是，磁場方向卻完全翻轉過來了。地球磁場強度目前就有逐漸減弱的趨勢，北美洲的磁場強度在過去的 4,000 年裡已經減弱了一半，說明地核相對地殼的速度差也正在縮小。

值得注意的是，地球表面測得的地磁場方向，無論如何變化，在太空中地磁場的方向始終不變。原因在於，在太空中測得的地球磁場的旋轉質量場效應，來自於整個地球的自轉，並不會隨著地殼與地核相對速度而改變。根據右手定律我們會發現，在太空中測得的地磁場的 N 方向，一直都處於地理南極的上空。

通電導體在電磁感應效應中產生的磁場強度，與電流強度成正比，也就是和導體內「定向移動」的自由電子數目成正比。而每個電子又有著恆定的自旋角動量，所以實際上磁場強度，是與所有電子的自旋角動量之和成正比。同樣的，宏觀物體產生的磁場強度，也應與旋轉質量場的角動量成正比（也就是和物體的質量和自旋角速度成正比），與質量場的旋轉半徑（觀測點到物體質心的距離）成反比，表述為公式就是：

$$H = fm\omega/r = f_0m/Tr$$

（f_0 為常數，T 為自轉週期，r 為旋轉質量場半徑）

根據這個公式我們可以發現，在地球表面測得的磁場強度 H，只與地核的質量 m 成正比，角速度 ω 的取值，為地殼與地核自轉角速度之差，r 為地球的半徑（地磁場強度為 5×10^{-5} 特斯拉）。而在地球磁場強度與整個地球的質量、以及地球的自轉角速度成正比（近似值），而與觀測點到地球中心的距離成反比。所以比起地表的磁場強度，在近地球的宇宙所形成的地球空間磁場強度要大很多。磁極恆定是太空磁場最大的特點，而不會像地球表面的磁場一樣，會發生磁極逆轉現象。

延伸閱讀——太陽風帶來的高能粒子將使地球磁場變形

科學家研究發現，地核正在變化，而也連帶影響到地球的磁場。成千上萬的在地球周圍旋轉衛星以及其他太空飛行器，都將直接暴露在外太空的高能輻射中，面臨巨大的威脅。

最新的研究還表明，地球總磁場的弱化現象，在數百、甚至上千年內將會一直持續，直到磁場完全消失殆盡。但科學家無法解決的問題是：地球磁場只要在幾個月內有頻繁微小的變化，就會使衛星失去保護。

德國地球磁場研究中心，指出南大西洋的地球磁場已經發生了這些變化，與地球其他地區相比，該地區的磁場較弱，僅為一般磁場的 1/3；甚至在新的磁場變化被發現以前，南大西洋的磁場已經相當反常，目前那個地區已經擁有地球最薄弱的磁場。這也意味著，在該地區，磁場保護網已經出現了凹陷。

丹麥哥本哈根大學的地球物理學家與德國研究人員，共同合作確立了一個模型，這一模型是關於地核流體的，而其計算出的結果，與衛星檢測到的地球磁場變化結果並無二致。可以說，太陽風和其他來自太陽的輻射正在頻繁轟炸地球。2006 年曾有一次巨大的太陽輻射風暴，一些衛星因此短暫失靈，而為了避免暴露在核輻射之下，連國際太空站的太空人們也不得不進入保護區。

地球磁場在過去的 150 年已經減弱了近 1/10。根據新的觀測資料，科學家正繼續修正模型，試圖對其有所完善，以精確預測將來地球磁場的變化。

那麼，地球到底有多大的磁場呢？地磁場向太空綿延 5.8 萬公里，而地核能夠導電，就像一個巨大的電磁鐵，在旋轉過程中產生了一個淚珠形狀的地球磁場，避免生物暴露在太陽高能的輻射中。

磁性逆轉的現象在地球漫長的歷史中曾多次出現，最近的一次是在 78 萬年前，而當地球南北磁性逆轉後，需要經過一段很長的時間，新的磁極才能重新確立。

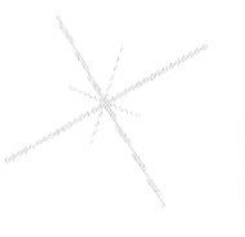

地球上生命的起源

地球上的生命是如何產生的呢？幾千年來，人類一直都渴望能解開這個謎團；可是直到今天，人們仍沒有找到這個問題的答案。

自然發生說（Spontaneous Generation）

科學家們曾進行過許多艱苦的探索和實驗，希望能尋找到地球上生命的起源，並提出了各式各樣的假說。其中，亞里斯多德提出的「自然發生說」，就是最古老的生命假說之一。

西元前 4 世紀，亞里斯多德認為，生命可以從非生命的物質中自然產生，例如蜜蜂、螢火蟲或蠕蟲等，可能是由黏液和早晨的露水或糞土的混合物所形成；直到 13 世紀，亞里斯多德的這種觀點仍然有很大市場，認為小羊、小馬能從樹上長出來。

更有趣的是，17 世紀的比利時醫生范．海爾蒙特（Jan Baptista van Helmont）還開了一個能生出小老鼠的藥方：用人體汗水將破襯衫浸濕，然後和小麥一起塞進一個瓶子，等它們發酵後，就會從發酵的破襯衫和小麥中長出小老鼠；當然這種荒謬的方子肯定是不會成功的。

1864 年，法國化學家巴斯德（Louis Pasteur），還進行了著名的「曲頸瓶」實驗：留下煮肉之後的沸騰的湯，然後把肉湯倒入燒瓶，再把燒瓶的瓶頸彎成 S 形，一方面使新鮮空氣能夠流入，另一方面又可以阻止細菌或微生物飄入瓶子。實驗結果表明，在這樣S形的長頸瓶子裡，即使連微生物這種最簡單的生命，都不會自然生成，也說明了自然發生說的荒謬性。

胚種論（Panspermia）

胚種論認為，地球上的生命來源於太空，隕石就是運載生命種子來到地球的「太空船」。透過撞擊地球，隕石將生命種子撒到地球上，又由於地球有著非常適宜生命活動的環境條件，因此生命就在地球上開始繁衍。

1870年代，在遙遠恆星周圍的塵粒中，科學家發現了一些奇怪的物質，他們猜測這些物質可能是生命的遺痕。由此，他們做出以下推斷：在一顆與太陽相仿的不知名恆星的軌道中，有一顆彗星體，而在這顆微小的彗星體內有一個孢子（只能在顯微鏡下才能看到），它就是外星生命的「種子」；若干年後，恆星的引力突然發生變化，從而使這顆彗星從原軌道上脫離，飛向太空。後來，在長達1億多年的時間中，它一直在宇宙裡遨遊，直到某一天偶然闖入太陽系，它的身邊是巨大的氣體狀行星，然後一顆藍色星球——地球靠近了它，這顆彗星就與夾雜著無數隕石碎片一起撞擊在地球上。孢子在彗星體內休眠了幾億年後，被拋進地球表面溫暖的海洋中，然後在經過一系列化學和生物反應之後，由於某種催化作用，形成了最原始的生命。

1960 年代，科學家發現宇宙中有大量的有機分子，同時在那些落入地球的隕石中，也發現了近 20 種氨基酸和 10 多種烴類物質。但是，胚種論只能解釋生命來自宇宙，而並沒有揭示出生命起源的真正原因。

化學演化說（Organic Evolution）

美國化學家史丹利．米勒（Stanley Lloyd Miller）在 1953 年做了一個關於生命起源的實驗。他按照地球的原始狀態，將氨氣、甲烷、氫氣和水蒸氣混合，裝入一個玻璃瓶中。然後模擬閃電，用電流轟擊這些氣體；一週後，米勒在玻璃瓶中驚喜地發現了一種橘黃色氣體。在對這種氣體進行了測定後，他發現其中含有大量的有機物質，如氨基酸等；1960 年代，利用氰化氫等物質，西班牙科學家奧羅（Joan Oró i Florensa）成功地合成了生命物質腺嘌呤（核酸的重要組成成分之一）。

這些實驗都有力地證明：在一定的能量和物質條件下，從無機物轉化為簡單有機物、從簡單有機物又轉化為複雜生命物質的演化過程，完全有可能在地球上實現（即使沒有生物酶的作用），這就是化學演化說。

化學演化說認為，早期地球的大氣中有大量有機分子存在，這些有機分子在漫長的時間裡，逐漸產生了一種關聯的結構，這種結構能臨時組合。又過了很長時間後，這種分子周圍出現一層東西，呈黏稠狀，而且隨著外界環境的變化，還能排放出一部分有機分子，也能接受另一類有機分子。這種複合化的分子，已具備了最簡單的代謝和繁殖功能，被看作是生命的最初形式。

但是，地球生命誕生的奧祕還是沒有解開。科學家們發現，在太陽系的 8 大行星中，火星、金星等類地行星的大氣主要是二氧化碳，而木星、土星、海王星和天王星的大氣成分主要是氨氣、甲烷。於是有人提出：為什麼就能斷定「地球大氣原始狀態」時一定含有甲烷而不是二氧化碳呢？

後來，在格陵蘭 38 億年前形成的古老石英岩層中，德國和法國的兩位科學家發現了單細胞有機物的內含物。這樣的單細胞有機物的形成大約需要 5 億年時間，因此可推測，生命應該在 43 億年前才開始形成。

雖然目前仍無法解開地球生命誕生的奧祕，但新的重要發現越來越多，尋求生命起源的歷程已經變得愈加清晰。

新知博覽 —— 極移

極移，是地球自轉軸在地球本體內的運動，包括 2 個主要週期成分：一個是周年週期，另一個稱為錢德勒週期（Chandler period），是一個近 14 個月的週期。前者主要歸因於大氣周年運動，並導致地球的擺動；後者則是一種地球自由擺動，是由於地球的非剛體所引起的。極移的振幅約為 ±0.4 角秒（在地面上相當於一個 12 平方公尺的範圍），使地面上各點的緯度、經度發生變化。

根據天文觀測資料，發現極移除了上述兩種週期外，還存在長期極移，以及周月、半月和一天左右等各種短週期極移。其中長期極移，表現為以每年 3.3 ～ 3.5 毫角秒的速度向西經約 70°～ 80°方向運動，主要原因是地球上北美、格陵蘭和北歐等地區的冰蓋融化，使地殼在冰期後反彈，進而引起地球轉動的慣量變化。而其它各種週期的極移，主要與大氣、海洋，以及潮汐作用有關。

地球的未來

地球的未來會是什麼樣子？科學家已經做出了迄今為止有關地球最終命運最詳細的預言：數十億年間，太陽將變得比現在大 10%，海洋將被炙熱的太陽蒸乾，生命也無法繼續生存；再經過 60 億年，因膨脹變得非常大的太陽，將把地球推離自己的軌道，讓它達到致命的高溫，從而走向滅亡。

地球毀滅論的探討

科學家認為，太陽生命的最後週期將會演變為一顆紅巨星，並且會烤乾整個太陽系內部的行星，而這項研究也提供了太陽毀滅動力的新細節。該研究由天文學家克勞斯・彼得・斯克羅德（K.-P Schroder）和羅伯特・考恩・史密斯（Robert Cannon Smith）所提出，預測地球將最終會毀滅，並發表了截至目前為止有關這個問題的最詳細時間表，他們的研究報告還發表在《英國皇家天文學會月報》（*Monthly Notices of the Royal Astronomical Society*）上。

史密斯稱這項最新預測是「令人感到壓抑的」，不過「從其他方面來看，它是尋找離開我們的地球、到銀河其他區域定居方法的動機」。他表示，在他和斯克羅德的這項最新評估，仍低估了地球被拉向太陽的力量，他說：「如果在未來的論文中，誰能找到拯救地球的方法，我將感到非常吃驚。」

不過還有一條好消息：面對新一輪世界末日，地球上的生命還有大約 10 億年能準備。之後，65.9 億歲的地球將自行消失，甚至不會有任何殘片留下。據有關星體演化的普遍理論顯示，地球面臨的基本問題是：太陽會逐漸變得更大、更明亮，而考慮到太陽已經 45 億歲了，它的體積已經成長了大約 40%。

也有天文學家認為，即使地球能避免被太陽吞噬，也終將會被炙熱的太陽燒焦，地球上的生命將不復存在。也就是說，從現在開始大約 55 億年內，太陽將燒盡它核內的所有氫燃料，再燃燒外層的氫。在轉變成紅巨星的過程中，太陽的內核將收縮，外層很快膨脹，而這個過程釋放出的熱量會被傳播到太

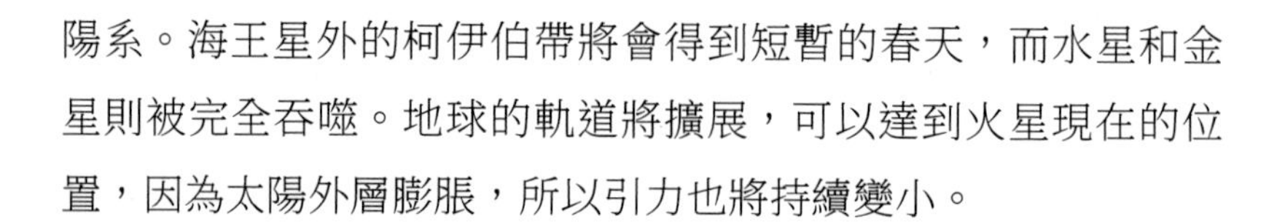

陽系。海王星外的柯伊伯帶將會得到短暫的春天，而水星和金星則被完全吞噬。地球的軌道將擴展，可以達到火星現在的位置，因為太陽外層膨脹，所以引力也將持續變小。

地球的最終結局

有的未來學家預測，地球的未來將是一片黑暗，因為隨著太陽的亮度和溫度逐步增加，地球也會逐漸升溫。地球極可能只有兩種大結局：火場或者是冰原。

地理學家也稱，太陽決定著地球的未來。隨著太陽壽命增加，太陽將更亮、更熱，從而對地表溫度造成影響。當地球氣溫超過 140°C以上時，地球便開始脫水，地球的大氣層將含有 10% ～ 20% 的水分；而在進入同溫層後，水蒸氣將直接分解成氧氣與氫氣。氫氣會逃逸到外太空，地球水分就此逐漸流失了。

曾有估計說，12 億年後，地球的海洋將會消失，地球將變成一個巨大的無水的沙漠；而經過科學家們進一步計算，又更正了這一說法：由於 5 億年後的大氣中缺少二氧化碳，地球上的生物將全部死亡！

其實，太陽系其他行星的命運也將和地球一樣，太陽系的一切物質終將被消耗殆盡，只留下無邊無際、寒冷漆黑的宇宙。

延伸閱讀 —— 地球最危險的敵人

自義大利天文學家皮亞齊（Giuseppe Piazzi）於 1801 年發現小行星（在木星和火星軌道之間）後，就揭開了人類研究小行星的序幕：穀神星、婚神星、智神星、灶神星……在整個 19 世紀，共發現了 400 個以上小行星，而小行星的發現越來越頻繁，已多達 5 千多顆。在這些小行星中，有 3 千顆左右已測算出運行軌道並被編號。據估算，透過人類現代天文望遠鏡觀測到的小行星很少，不足總數的千分之幾。

小行星的質量和體積都很小（雖然數量很多），最大的穀神星也僅有 770 公里的直徑，不到月球直徑的 1/4，體積也不到地球的 1/450。因此，把所有目前發現的小行星聚集成團，大小也不過只相當於一顆中等衛星，比起大行星的體積與質量實在是太小了。

小行星團大多數集中在小行星帶（木星和火星軌道之間）上，很少會越出這個範圍。但是，也有極少數小行星非常不安分 —— 沿著橢圓軌道運行。最遠可以跑到木星以外，甚至有時跨過土星的軌道；最近的則可以大踏步進入地球軌道內側，更有甚者深入到金星軌道以內，變為「近地小行星」，成為太陽家族之中的不安定分子；更嚴重的是，它們很可能成為地球未來要面對的主要「殺手」。

一般來說，近地小行星軌道有著較大的離心率，就地球與

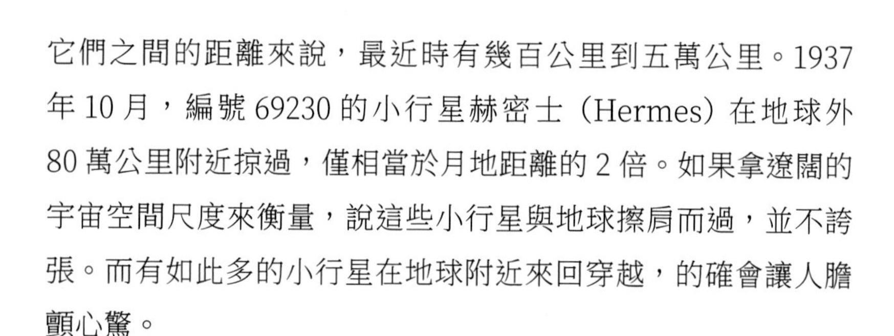

它們之間的距離來說，最近時有幾百公里到五萬公里。1937年10月，編號69230的小行星赫密士（Hermes）在地球外80萬公里附近掠過，僅相當於月地距離的2倍。如果拿遼闊的宇宙空間尺度來衡量，說這些小行星與地球擦肩而過，並不誇張。而有如此多的小行星在地球附近來回穿越，的確會讓人膽顫心驚。

電子書購買

國家圖書館出版品預行編目資料

如果，宇宙：穿越千載浩瀚時空，探索絕美天外奇蹟 / 侯東政著 . -- 第一版 . -- 臺北市：崧燁文化事業有限公司，2021.11

面；　公分

POD 版

ISBN 978-986-516-895-7(平裝)

1. 宇宙 2. 天文學

320　　110017295

如果，宇宙：穿越千載浩瀚時空，探索絕美天外奇蹟

臉書

作　　者：侯東政

編　　輯：簡敬容

發 行 人：黃振庭

出 版 者：崧燁文化事業有限公司

發 行 者：崧燁文化事業有限公司

E-mail：sonbookservice@gmail.com

粉 絲 頁：https://www.facebook.com/sonbookss/

網　　址：https://sonbook.net/

地　　址：台北市中正區重慶南路一段六十一號八樓 815 室

Rm. 815, 8F., No.61, Sec. 1, Chongqing S. Rd., Zhongzheng Dist., Taipei City 100, Taiwan (R.O.C)

電　　話：(02)2370-3310　　**傳　　真**：(02) 2388-1990

印　　刷：京峯彩色印刷有限公司（京峰數位）

定　　價：375 元

發行日期：2021 年 11 月第一版

◎本書以 POD 印製